试验设计与数据统计分析

Experimental Design and Statistical Analysis

武　涛　齐　龙◎主编

区颖刚　刘庆庭　张亚莉◎副主编

暨南大学出版社
JINAN UNIVERSITY PRESS

中国·广州

图书在版编目（CIP）数据

试验设计与数据统计分析/武涛，齐龙主编；区颖刚，刘庆庭，张亚莉副主编 . —广州：暨南大学出版社，2023. 10
ISBN 978 – 7 – 5668 – 3766 – 0

Ⅰ.①试…　Ⅱ.①武…②齐…③区…④刘…⑤张…　Ⅲ.①试验设计②统计分析
Ⅳ.①O212. 6②O212. 1

中国国家版本馆 CIP 数据核字（2023）第 170973 号

试验设计与数据统计分析
SHIYAN SHEJI YU SHUJU TONGJI FENXI
主　编：武　涛　齐　龙
副主编：区颖刚　刘庆庭　张亚莉

···

出 版 人：张晋升
责任编辑：黄　球
责任校对：刘舜怡　许碧雅
责任印制：周一丹　郑玉婷

出版发行：暨南大学出版社（511443）
电　　话：总编室（8620）37332601
　　　　　营销部（8620）37332680　37332681　37332682　37332683
传　　真：（8620）37332660（办公室）　　37332684（营销部）
网　　址：http：//www. jnupress. com
排　　版：广州良弓广告有限公司
印　　刷：佛山市浩文彩色印刷有限公司
开　　本：787mm×1092mm　1/16
印　　张：13. 25
字　　数：280 千
版　　次：2023 年 10 月第 1 版
印　　次：2023 年 10 月第 1 次
定　　价：52. 80 元

前　言

　　"试验设计与数据统计分析"是农林类高等院校农业工程类及相关专业研究生的专业基础课程，是数理统计学在农业科学试验中的具体应用。农业工程类的试验，往往是研究农业机械和其他农业装备与农业土壤、农作物及各种农业物料的相互作用关系，具有与其他农学类试验不同的特点。本教材主要讲授农业工程类科学试验的设计与试验结果的统计分析方法，为本专业研究生从事农业科学研究、农业技术推广等工作打下基础。

　　掌握试验设计方法可以帮助研究生设计高质量的试验，合理安排试验因素和水平，提高试验结果的可靠性和可重复性，并通过数据统计准确分析和解读试验数据，从中提取有效信息，得出科学的结论。因此，试验设计能力和数据分析能力是从事科学研究工作者的必备技能。

　　华南农业大学工程学院自20世纪80年代开始由伍丕舜教授为研究生开设"试验设计与数据统计分析"课程，后由区颖刚和刘庆庭教授接任主讲。本书便是供华南农业大学工程学院研究生使用的自编教材。本书内容共七章，第1章讲述试验设计与统计方法在实验研究工作中的地位及其基本概念。第2章讲述统计假设检验的原理与方法。第3章讲述方差分析的具体方法。第4章讲述正交试验设计方法与试验结果的分析方法。第5章、第6章讲述直线回归及多元线性回归的相关原理与方法。第7章讲述回归正交设计方法及应用。

　　作为研究生教材，本书注重对各种试验设计方法的概念和理论的推导与解释。有关试验统计的新方法很多，只有对其概念和理论有较好的理解，在遇到新方法时，才容易举一反三，快速掌握。

　　本书由华南农业大学工程学院武涛副教授、齐龙研究员担任主编，区颖刚教授、刘庆庭教授、张亚莉副教授担任副主编。

　　由于作者时间和水平所限，书中不足之处在所难免，敬请读者批评指正，以便再次修订时改进。

编　者

2023 年 5 月

目 录
CONTENTS

第 6 章　多元线性回归

第 7 章　回归正交设计

第1章 绪论

1.1 试验设计与统计处理方法在实验研究工作中的地位

在工程类研究生的培养目标中，最基本的一点是要培养训练有素的研究工作者。近代科学的一个显著特点是理论研究和实验研究的密切结合，因此，要成为训练有素的研究工作者，掌握实验研究和试验数据处理的方法是非常重要的。虽然实验研究的方法可以千变万化，由某一种方法到另一种方法，由一门学科到另一门学科，都会有不同，但有一个共同的原则，就是要讲究"科学方法"（scientific method）。

实验研究的科学方法主要由三部分组成：第一是观察，通过感性观察从而获得对某一事物的认识；第二是试验，根据初步观察的结果，设计试验来研究影响我们观察的事物的各种因素；第三是推理，对所观察到的事物或试验结果之间的相互关系进行推理，由表及里，去伪存真，然后确立某一论点或模型。这三部分是相辅相成的，必须通过反复观察、反复试验及辩证分析推理，才能找出客观的、真实的、正确的结论（判断）。在这个过程中，科学地设计试验、分析试验结果，获得对所研究的现象的正确认识，是非常重要的。这就形成了一门关于实验的科学，"试验设计与统计分析"（简称为"试验统计学"）是其中基本的和主要的部分。它是协助试验、观察与分析的一种科学方法及数学工具。

试验统计学诞生的时间并不太长，其发展的历程可以追溯到 19 世纪初期的生物与农业科学研究。据考，生物学家、进化论的创始人达尔文（Charles Robert Darwin，1809—1882）在工作中运用了数理统计或生物统计等方法进行归纳。格雷戈尔·孟德尔（Gregro Johann Mendel，1822—1884）在 1866 年所发表的关于豌豆杂种的研究也是一种生物统计或数理统计的应用问题。卡尔·皮尔逊（Karl Pearson，1857—1936）原来是一位数学物理学家，达尔文的工作引起了他把数学应用于生物进化研究的兴趣，他用了几乎半个世纪的时间从事数理统计的研究。他还始创了 *Biometrika* 这份著名的生物统计学杂志以及一所数理统计学校，使数理统计学的研究获得有力的推进。皮尔逊致力于大样本的研究，但大样本理论对于只能从事小样本研究的实验工作者来说，显然是不合适的。皮尔逊有一位学生，名叫威廉·戈塞（William Sealy Gosset，1876—1937），是在一家酿酒厂工作的科学家，他从一些弄乱的卡片中抽取样本，进行抽取小样本即取样规律的研究，他把研究的结果发表在 *Biometrika*（1908）上，署名"Student"。今天，"Student"分布已成为统计学家及试验统计学家不可缺少的工具。

另一位对近代试验统计学的理论与实践都有很大贡献的学者是试验统计学泰斗罗纳德·费希尔（Ronald Aylmer Fisher，1890—1962），他早期在伦敦附近的罗森斯得农业实验站（Rothamsted Agricultural Experimental Station）工作，负责统计和数据处理，后被聘为伦敦大学教授。他首先在试验设计中应用方差分析（analysis of variance），这可以视为试验设计成为一门科学的开端。此外，与他同时代的弗兰克·耶茨（Frank Yates，1902—1994）也是早期对试验统计学有过较大贡献的学者。

生物及农业学科的试验存在以下特点：①试验材料差异性大；②重复试验所得到的数据波动性强；③重复试验条件较困难；④试验较容易按要求进行设计。这些特点使得试验统计学首先在这些学科的试验中得到应用。随着工程技术研究的深入，试验统计学近几十年在工程领域也得到日益广泛的应用。例如拖拉机及田间机械的试验、各种干燥方法的比较试验、越野车辆及工程机械性能试验、热传导与隔热材料试验、性能保证的统计测定、产品质量控制的试验、零件的耐用性试验、金属耐疲劳试验、表面腐蚀试验、电镀配方试验，以及时间趋势与运动研究等。这些试验的数据往往有较大的波动性。这一方面是由试验对象例如土壤的不均匀性造成的，另一方面也和测试仪器及测试方法的误差有很大关系。这种数据的波动或离散给试验结果的判断带来很多问题。例如做田间耕作试验，由于土壤的不均匀性，我们在田里不同部位测得的耕作阻力数据会有较大的差异。即使是在同一地点，如果在不同时间做试验，也可能会得到不同的数据。对于这些离散性很大的数据，如果不采取数理统计方法科学地进行处理，很可能导致花了大量的劳动而得不到多少有用的信息，甚至得不到任何有用的数据资料。

近代科学的发展，使得许多科学试验，尤其是工程上的试验，在规模、试验手段和精度等各方面，与19世纪科学试验初期主要是科学家个人活动为主、手工作坊式的试验相比，都发生了质的变化。现代科学试验具有大规模工业生产的形式。因此，试验的组织、设计，以及测试手段、试验数据的处理等，都有许多新的问题需要研究。

现在是计算机的时代，试验统计学理论与实践都有了新的发展。以前认为不可能的事，现在变得可能了。利用计算机，可以研究非常复杂的多元统计模型，试验统计学的新理论与分支也越来越多。

1.2　试验统计学的逻辑

在试验工作中应用数理统计方法，设置试验时有特殊的逻辑。某一试验应如何设置、如何观察与如何比较，往往是和试验目的以及研究者的技术水平有关的，故试验统计不是单纯的数学问题。现举一简单试验例证来阐明。

例 1.1 某农业工程专家设计了一种雏鸡雌雄鉴别仪，需要对其鉴别能力进行试验鉴定。由于雏鸡间的差异及仪器准确度等问题，仪器的辨别能力不可能百分之百准确，故试验需预先考虑其可能的结果。

如果送去鉴别的只有一只雏鸡（样本），而仪器判断准确，这样是否可认为该仪器的测定是成功的呢？显然不能。因为即使仪器毫无鉴别能力，也有可能正好碰对了。因为只有一个样本，非对即错，完全靠机会去猜，猜对或猜错的可能性各为 50%。只有一个样本时，不足以断定该仪器测定能力的真伪，必须增加重复试验。重复是试验统计学的逻辑之一。

那么，增加试验样本数，将产生怎样的结果呢？当然要鉴别多个样本且得到正确的结果比仅鉴别一个难。假如用 6 只雏鸡（样本），我们能否算出如果仪器毫无鉴别能力，仍然是靠碰运气，猜对的各种可能性呢？6 只小鸡，每只都有且只有判对或判错两种可能性。因此，如果鉴别两只小鸡，每次一只，就可能有 2×2 种鉴别结果的组合，即：①两只全对；②第一只对，第二只误；③第一只误，第二只对；④两只全误。以此类推，则 3 个样本可能的组合为 $2 \times 2 \times 2 = 8$。如为 6 个样本时，则有 $2^6 = 64$ 种可能组合。如表 1.1 所示。

表 1.1 鉴别 6 只雏鸡（样本）可能结果的次数及显著性比率

可能结果	次数	显著性比率
6 对 0 误	1	$1/64 = 0.015\ 6$
5 对 1 误	6	$7/64 = 0.109\ 4$
4 对 2 误	15	$22/64 = 0.343\ 8$
3 对 3 误	20	$42/64 = 0.656\ 3$
2 对 4 误	15	$57/64 = 0.890\ 6$
1 对 5 误	6	$63/64 = 0.984\ 4$
0 对 6 误	1	$64/64 = 1$

由表 1.1 可知，假如仪器毫无鉴别能力，而仅凭运气猜测，则在 64 次中，6 只全部猜对的机会只有一次。所以，如果送 6 只小鸡去鉴别，要求仪器全部鉴别正确才算它不是猜的（而靠猜要全部正确的概率只有 0.015 6），要求未免太高。因为任何仪器，即使是非常好的仪器，都难以绝对准确。如果送来鉴别的样本小鸡中有 5 只辨对，1 只辨错，这样的概率在 64 次中又有多少呢？从表 1.1 可知，5 对 1 误者可有 6 次。而辨

对 5 只以上者（包括 6 次全对）共有 7 次。此 7/64 的概率，约等于 11%，也就是说，完全靠乱猜，也有 11% 的可能性猜对 5 只以上。如果这样也算成功的话，对机器的要求未免过低了。那么多少才合适呢？在一般的情况下，常采用 1/20 = 0.05 的比率。这是一种较稳当的（而非绝对的）要求，或称判断水平（level）。这是统计学上用以判断假设（hypothesis）、真正效应（real effect）或机会效应（chance effect）的界线。即一事件（或差异）单由机会而产生的概率，在 20 次中不超过一次时，才能被认为是有意义的，或称为显著的（significance）。这种根据一定的可能性（概率）的大小来判断"假设"正确与否的方法，是试验统计学的逻辑之二。

此外，还有一个重要的要求，即测试取样的随机性。如供试的样本（小鸡）不是随机分送仪器测试，而是故意专给雌鸡，或专给雄鸡检验，或先雄后雌，如 3 雄 3 雌等，这样人为的确定，不能使每只小鸡都获得同等的受试机会，若仪器有系统误差（如容易 1 对 1 误），则不能确定仪器真正全面的鉴别能力。这叫作抽样的随机性（randomization），是试验统计学的逻辑之三。

1.3 试验设计及统计分析应考虑的问题

试验设计及统计分析两者是密切相关的。只有根据所采用的试验设计方法，来决定相应的统计分析方法，才能获得充分而确切的信息。一个科学的试验设计与统计分析步骤一般如下：

（1）明确试验目的；

（2）确定试验指标、试验因素与水平，选择适当的试验设计方法；

（3）实施试验，收集试验数据；

（4）分析试验结果，得出结论与建议。

例 1.2 对某种切割刀片的钢材试样进行试验，经过 800℃ 油淬后，用 160℃ 和 200℃ 两种不同回火温度处理，看哪个回火温度较好。

这虽然只是个简单的对比试验，但在试验设计与统计分析中，仍有不少问题需要考虑：

（1）试验的目的是什么：是要确定某种切割刀片的较好的回火温度。

（2）试验指标：根据专业知识，不同的回火温度将使钢材有不同的硬度和冲击韧性。测定试验后钢材的洛氏硬度和冲击韧度，就是要选用的试验指标。

（3）试验因素：回火温度。

（4）选择 160℃ 和 200℃ 两种回火温度是否恰当？是否需要多考虑几种温度？这就是试验因素的水平选用问题。

（5）在试验中，对各种温度应安排几个试样？这是试验中安排重复的问题。

（6）各个试样应按什么顺序安排到不同温度的处理中去进行试验？这是试验的随机性问题。

（7）如果试验较多，做试样用的钢材是否能保证质量一致？如果不能，是否能先将钢材按质量大致相同分类，分别做试验？这就是试样的局部控制问题。

可见，要做好一个试验，需要仔细考虑。除了试验的目的、指标、因素及水平外，在上例的说明中，还提出了试验要遵循的三个基本原则：重复、随机和局部控制。这些问题后面各章还要具体讨论。

1.4　试验指标、因素与水平

1. 试验指标

用以衡量研究对象的试验结果的试验测试数据，称为试验指标。试验观测所得的数据或指标，因研究的性状、特性不同，一般可分为数量性状数据和质量性状数据两大类。

（1）数量性状数据。

（a）计量数据。

观测的数量可以是连续的任意值，如冲击韧性指标，它的单位是 $kg \cdot m/cm^2$，可以是连续性的任意值，如 10，11.21，9.72，等等。牵引力的观测单位是 kg，这种计量的变异是连续性的。

（b）计数数据。

指可逐个数数计算的，每个之间不可细分的数据。大多数计数指标是用整数来表示的，如喷雾机的雾粒密度，就不可能出现每平方厘米内 20.45 粒等的非整数。所以计数指标又称为离散型指标。但如果取 15 个每平方厘米的雾粒数来平均，也可能出现 20.4 粒的非整数。

（c）成数指标。

计数指标是"两者居一"现象的资料而用成数（或百分数）表示的，叫作成数指标。如产品或试验结果合格率指标，就分为合格与不合格两类，二者必居其一。如喷雾试验，若规定雾粒密度在每平方厘米 10 粒上为合格，少于 10 粒的为不合格，这样雾粒密度就分成合格与不合格两类。

通常把研究对象出现的成数次数记作 p，即成功次数（这里或称为合格次数），把不出现的成数次数记作 q，$p+q=1$（或 $p\% + q\% = 100\%$）。对成数指标一般要求用大样本统计。

（2）质量性状数据。

研究观察对象不能用数量，而是用性状表示的（即定性资料），称为质量性状数据。只能用手感、眼看、鼻闻、舌尝、耳听的试验指标都是性状数据（指标），如颜色，性别，织物手感的优、良、中、劣等；又如茶叶质量的评定，往往看色泽、香气、汤色、滋味等；又如电镀工艺的外观是用颜色、光泽、结晶粗细等性状来评定的，这些都属于性状指标。对于这种性状资料，往往可以将其数量化后加以处理。如 1 代表红色，0 代表白色；优、良、中、劣分别用 4、3、2、1 表示，或在评分、评级后当作计数、计量指标来进行统计分析。通常可取下面几种方法：

①对性状予以分类，如成数指标中分为合格与不合格两类，这也是属性指标的一种计算方法。

②对各类性状的优劣程度予以评分，或分成不同等级。如电镀工艺的外观，从颜色、光泽、结晶粗细来评定，优质的评 95 分，较优的评 90 分，较劣的评 70 分等，化成数量后进行统计分析。当样本含量较多时，可将各级的个体数转换成次数分布资料来进行统计分析。

③对于分为两类的性状的试验指标，可用"1"表示所研究的性状，或某性状的出现，用"0"表示非研究对象的出现。用数字 0 和 1 对两类性状予以数量化后，就可按计数指标予以分析。

（3）变异指标。

表示变异程度的指标称为变异指标，如农机试验中常把耕深稳定性、播种均匀度、排肥一致性等研究对象作为试验指标，常用方差、标准差、极差及变异系数来表示，这些都是变异指标。变异指标与计量、计数指标是有区别的。如耕深的深度以厘米计是计量指标，每段播种粒数是计数指标，在试验中往往用平均深度或平均粒数来表示它们的集中趋势，但在统计中只用平均数来表达是不够完善的，往往附有标准差来表示其变异程度，使指标表达得更为全面，既表示耕深的平均状态亦表示其不稳定程度。

试验指标是根据试验目的和要求来确定的。试验前就应把衡量和评定试验指标的原则、供比较的标准值、测定指标观察值的方法、取样方法与次数、统计分析方法及使用的仪器等确定下来。用什么指标来衡量，事先就要有周密的考虑。有些试验由于试验目的不同而用不同的试验指标。例如禽畜机械化生产试验中，鸡蛋的产量以个数计算时可当作计数指标；如用重量来计算时可当作计量指标。

有些试验指标是以达到、超过或低于某一标准值来衡量的。如某地区确定谷物联合收获机收获总损失率不超过 2%，则 2% 的损失率就是该地区的试验指标标准值。试验指标的标准值可以是一个理论值，或从试验中总结出来的标准，或是当前先进水平，或以原来的水平作标准（对照）值。

有些试验的标准值要求在一定范围内，太大或太小都不好。如插秧机的插秧株（苗）数/穴，根据农业技术要求，应在 5~9 株/穴间为宜，超过此范围就不合要求。这样的试验可以用前述的计数指标的成数指标来考核。

　　在采用多指标试验时，常因各指标有主次之分，且各试验指标之间也存在着矛盾，需要用综合平衡法、综合加权评分法来对各试验进行分析比较。

　　试验指标的观测值并不是唯一衡量试验结果的依据，也不是唯一选取最优试验处理的依据。它还要与专业知识和生产实践经验相互结合来考虑。有时虽然根据试验指标观测值计算选出来的处理或处理组合是较优的，但因考虑到经济性、生产或使用方便性以及其他条件，还需做其他衡量，则可选取尚能满足或达到试验指标的次优要求的处理或处理组合。

2. 试验因素

　　影响试验指标变化的原因统称为因素。在实验研究中通常是从一系列的因素中选择若干主要的原因作为因素以研究它们的作用、效应及对试验指标的影响。这些被选择的因素就是试验因素。试验因素可以分为两种：数量试验因素和质量试验因素。

　　数量试验因素可以在因素的变动范围内取任意用量、等级或状态。质量试验因素则不能按用量、等级或取任意状态来划分，如拖拉机机型或插秧机机型，标作 A 试验因素，设它由三种不同机型组成，不能在三种机型间取任意状态来划分。

　　对于那些未被选择作为试验因素的因素，可以控制、固定在某一理想、适宜状态下进行试验，称为固定因素，例如用三种深松犁做机械化耕作栽培试验，在整个耕作、栽培、田间管理过程中的综合措施应控制一致，这些就是固定因素。

3. 试验因素的水平

　　在试验因素中所设置的各种不同状态、用量、等级称为该试验因素的水平（或等级、品位等）。如悬挂犁悬挂机组最大耕深试验，试验因素设两种：犁铧类型和悬挂点高度。犁铧类型因素亦分为两种：一种为锐型，一种为钝型。这就是不同的两种水平，如以符号 A 表犁铧类型因素，则 A_1，A_2 表示不同的犁型水平（即锐型与钝型），这属于质量水平（或属性水平）。如以符号 B 表悬挂点高度因素，分为三级（500mm、575mm、650mm），也就是三种不同水平，用符号表示为 B_1，B_2，B_3，这属于数量水平。

　　试验水平的变动范围一般应取试验的效应指标能进一步提高的变动范围。不宜把生产上不适用的水平列入试验变动范围内。各水平之间的间隔不能定得太小或太大，否则，不易反映各水平的变化对试验指标的影响。

1.5　总体、参数、样本、统计量

1. 总体

　　研究对象的全体，称为总体或母体，总体是由个体构成的。在实际问题中，我们关心的常是研究对象的某个指标（如晶体管的直流放大系数、某种钢材的抗拉强度等）。因此，总体通常是指研究对象某个指标 X 取值的全体。总体的类型随研究的问题而定。总体往往是设想的、抽象的。当它所包含的个体数目很大，甚至无限大时，叫作无限总体。如测定某种钢材的硬度，则这种钢材可被设想为同型号钢的无限总体。总体所包含的个体数目也可以是有限的，如某批量钢材、一定亩数水稻的产量等。这种有一定个数的总体称为有限总体。在统计理论上考虑的，大都是无限总体。

2. 参数

参数（或称参量）是由总体的全体变数计算得到的总体特征数，如总体观测值的平均数就是一个总体参数。

3. 样本

统计研究的最终对象是总体，并要求获得其参数。但总体包含的个体太多，通常不可能全部检验，若试验是破坏性的（如检验灯泡的寿命），更不能逐个检验，因而往往只能从总体中抽取部分个体加以观测研究。若我们在一个总体 X 中（如 10 000 个灯泡）抽取 n 个个体，这 n 个个体 X_1，X_2，$\cdots$，X_n 就称为总体 X 的一个容量为 n 的样本，或叫子样。抽取样本的目的是估计总体，因此，样本必须具有代表性，它们提供的信息要能反映总体的特征。这样的样本，需要随机地从总体中抽取。关于抽取的方法，将在后面章节中讨论。

4. 统计量

样本是总体的代表，但抽取样本后，我们并不直接利用样本来进行推断，而需要对样本进行处理分析，把我们需要的信息集中起来，按不同的统计问题构造出样本的某种函数，这种函数在统计学上称为统计量（statistics），如样本平均数就是一个统计量。当构造的统计量是用来对总体的参数进行估计时，又称为估计量（estimate）。

设 X_1，X_2，$\cdots$，X_n 是从总体 X 中随机抽取的一个容量为 n 的样本，由于 X_1，X_2，$\cdots$，X_n 是从总体中随机抽取的可能结果，所以可将它们看成 n 个随机变量；但是，在每次具体抽取后，它们又都是确定的数值，我们就用 X_1，X_2，$\cdots$，X_n 表示样本随机变量，而用 x_1，x_2，$\cdots$，x_n 表示一次抽取后的具体值，称为样本值（有时为了方便起见，也可用 x_1，x_2，$\cdots$，x_n 表示样本随机变量，这时记号 x_1，x_2，$\cdots$，x_n 就有双重意义）。关于统计量，我们引入如下定义：

设 X_1，X_2，$\cdots$，X_n 为总体 X 的一个样本，$\varphi(X_1, X_2, \cdots, X_n)$ 为一连续函数，如果 φ 不包含任何未知参数，则称 $\varphi(X_1, X_2, \cdots, X_n)$ 为一个统计量。简言之，由样本计算的特征值叫统计量。

如果 x_1，x_2，$\cdots$，x_n 是样本 X_1，X_2，$\cdots$，X_n 的观测值，则 $\varphi(x_1, x_2, \cdots, x_n)$ 是 $\varphi(X_1, X_2, \cdots, X_n)$ 的一个观测值。

显然，统计量也是随机变量。前面已经讲过，用样本对总体进行统计推断时，往往是按不同要求构造某种统计量（样本的函数）。

1.6　总体或样本的数学特征数

总体或样本的数学特征数，是认识这个总体或样本的理论特征的基础。主要的特征数可分为两类：一类表示数据的集中性，如平均数、中位数、众数、几何平均数等；另一类表示数据的分散性，即数据的变异及离中程度，如均方差、平均差、极差、变异系数等。

1. 集中量数

平均数：设有一容量（或含量）为 n 的样本观测值 X_1，X_2，$\cdots$，X_n，样本平均数（总体平均数以 μ 表示）表示为：

$$\bar{X} = \frac{\sum\limits_{i=1}^{n} X_i}{n} \tag{1.1}$$

平均数反映了一个总体或样本成员最集中的平均状态，是个最常用的集中量数。其他如中位数、众数及几何平均数等，都不及平均数理想。因平均数的计算过程涉及每个观测值，因此它的代表性最大。

2. 离中量数

常用的离中量数有下述几种：

（1）极差。

样本观测值中极大值、极小值之差数称为极差，也称变异范围。以 R_m 表示：

$$R_m = X_{\max} - X_{\min} \tag{1.2}$$

R_m 反映了样本中的最大变异范围，是个极简便的变异量度。由于它的计算没有充分利用每个数据（观测值）的信息，只从极大值与极小值两者求得，反映实际的精度较差。

（2）方差（variance）及标准差（standard deviation）。

另一个测量样本（或总体）成员变异程度的特征数称为方差（亦有称变量的）。

要了解某总体 X 的变异性，从 X 中抽取 n 个观测数据 X_1，X_2，$\cdots$，X_n，则样本方差表示为：

$$S^2 = \frac{\sum\limits_{i=1}^{n} (X_i - \bar{X})^2}{n - 1} \tag{1.3}$$

从上式可知，方差实质上是每个观测值偏离平均数的离差的平方总和除以（$n-1$）所得的平均值，所以方差也就代表变异或离散程度的平均状态。

方差的平方根叫作标准差：

$$S = \sqrt{\frac{\sum\limits_{i=1}^{n}(X_i - \bar{X})^2}{n-1}} \tag{1.4}$$

总体的方差（变异性）可表示为：

$$\sigma^2 = \frac{\sum\limits_{i=1}^{n}(X_i - \mu)^2}{n} \tag{1.5}$$

值得注意的是，计算样本方差时，不是以 n 而是以（$n-1$）作除数。这个（$n-1$）在数理统计上称为自由度（degree of freedom），记为 df，它的意义在后面再解释。

同样，总体标准差为：

$$\sigma = \sqrt{\frac{\sum\limits_{i=1}^{n}(X_i - \mu)^2}{n}} \tag{1.6}$$

（3）变异系数。

由于测量大物体与测量小物体的绝对误差值有所不同，如测量拖拉机的功率与测量微型马达的功率，前者绝对误差值较大，后者绝对误差值较小，因而也影响标准差的数值的大小。此外，观测值的单位不同也影响标准差数值的大小。因此，在这种情况下，不能直接用标准差来比较它们之间变异的大小。我们可以通过一个相对的变异数量来比较，那就是变异系数。变异系数的计算式如下：

$$CV = \frac{S}{\bar{X}} \times 100\% \tag{1.7}$$

变异系数 CV 实质上是一个百分率，即样本标准差对该样本平均数的百分比，所以也称相对标准差，是个相对数值（无量纲数）。利用这个百分率，不同单位及不同物体的变异度都可相互比较。当然，也可以不乘 100%，只用其比率。

例1.3 下列资料是用 SY-1 型静载式承压仪（测头为中圆盘，圆盘直径 $D=$

35.6mm，圆盘面积 $F = 10\mathrm{cm}^2$）在稻地（黏土）不同深度处测量得到的土壤承压力（$\mathrm{kg/cm}^2$）数据：

5cm 深：0.36，0.42，0.24，0.27，0.36，0.36，0.33，0.255，0.15，0.18，0.495（共 11 测点）；

15cm 深：0.27，1.47，…，1.11（共 12 测点）；

25cm 深：2.34，2.37，…，3.3（共 10 测点）。

试计算各层土壤的平均承压力、样本标准差及变异系数，并加以评述。

解：5cm 深处，测点 $n = 11$

平均承压力：

$$\rho = x = \frac{\sum x}{n} = \frac{(0.36 + 0.42 + \cdots + 0.495)}{11} = 0.31\mathrm{kg/cm}^2$$

样本标准差：

$$
\begin{aligned}
S &= \sqrt{\frac{\sum(X - \bar{X})^2}{n - 1}} \\
&= \sqrt{\frac{(0.36 - 0.31)^2 + \cdots + (0.495 - 0.31)^2}{10}} \\
&= 0.10\mathrm{kg/cm}^2
\end{aligned}
$$

为书写方便起见，可把"$\sum\limits_{i=1}^{n}$"简化为"Σ"。

变异系数：

$$CV = \frac{S}{\bar{X}} \times 100\% = \frac{0.10}{0.31} \times 100\% = 32\%$$

按同样公式和方法，可算得各层深度的平均承压力、标准差及变异系数如下：

表 1.2　不同土壤深度的平均承压力、标准差及变异系数

深度/cm	平均承压力 ρ/（$\mathrm{kg/cm}^2$）	标准差 S/（$\mathrm{kg/cm}^2$）	变异系数 CV/%
5	0.31	0.10	32
15	0.66	0.37	56
25	2.71	0.41	15

从表1.2的数据可以看到，不同的土层承压力有很大的差异。最轻的是表土5cm一层，往下愈深平均承压力愈大。若只从各层的标准差来比较其变动情况，则5cm深的标准差最小，为0.10，其次为15cm深的，标准差最大的是25cm深的，达0.41。这种绝对数值的增大，是土层愈深承压力愈大的缘故。所以，只凭绝对数值的标准差来比较，当然变数大的标准差也大，不能看出真正的变异程度。但从变异系数来看，承压力的变动并非土层愈深愈大。变动最小的反而是最深的一层（25cm），其变异系数只是平均数的15%，可以说是较稳定的；最不稳定的是15cm深的耕作层，其承压力变动较大，为56%；5cm深的表层的承压力的变异程度则介乎两者之间（32%），但还是比25cm深的土层的变动大。

第2章 统计假设的检验

统计假设的检验（statistical hypothesis testing）是统计学上的推理与判断问题（statistical inference）。在简单对比试验的统计分析上经常用到，是一种统计逻辑推理。

2.1 统计假设检验的基本原理

1. 基本原理

在统计学上的假设检验，实际上是建立某一总体参数（平均数、标准差等）的假设，然后通过抽样估计总体的参数，在一定的概率条件下作出推断（或判断）。判断的形式不外乎下列三种之一：①接受该假设；②拒绝（或否定）该假设；③保留意见（不接受也不拒绝），待有更多的验证后才下判断。

例2.1 某工厂生产一批产品，共200件，须经检验合格才能出厂。按国家标准，次品率不得超过3%，今在其中任意抽取10件，发现有2件次品，问这批产品是否合格。

解：要检验是否 $P \leqslant 0.03$，先求

$$\lambda_0 = P\{"10 \text{ 件中无次品}"\} = \frac{C_{194}^{10}}{C_{200}^{10}} = \frac{194 \times 193 \times \cdots \times 185}{200 \times 199 \times \cdots \times 191} = 0.732$$

$$\lambda_1 = P\{"10 \text{ 件中恰有一件次品}"\} = \frac{C_{194}^{9} C_{6}^{1}}{C_{200}^{10}} = \frac{194 \times 193 \times \cdots \times 186}{200 \times 199 \times \cdots \times 191} \times 6 = 0.237$$

于是，

$$\lambda = P\{"10 \text{ 件中至少有 2 件次品}"\} = 1 - \lambda_0 - \lambda_1 = 0.031$$

以上结果表明，如次品率是3%，则抽10件出现至少2件次品的概率小于0.04。显然，如果次品率小于3%，那么至少出现2件次品的概率更小于0.04。所以如果 $P \leqslant$

0.03 成立，一个样本中抽中 2 件次品的机会极小，是小概率事件，其发生是不合理的。产生这种不合理现象的根源在于假设 $P \leqslant 0.03$，因此假设 $P \leqslant 0.03$ 是不能成立的。故按国家标准，这批产品不合格，不能出厂。

2. 正态分布下的统计假设检验

由于很多事物的量的变异都遵从正态分布，所以下面我们着重介绍与正态分布有关的统计检验法。正态分布有两个重要参数，一是平均数 μ，一是标准差 σ。这两个参数确定以后，一个正态分布 $N(\mu, \sigma^2)$ 就完全确定了。因此正态分布的检验问题，也就是检验这两个参数的问题。

统计假设的检验，通常可分为两点：

（1）对所研究的总体，先设立一假设。

原假设（null hypothesis）为 H_0：$\mu = \mu_0$，备择假设（alternative hypothesis）为 H_1：$\mu \neq \mu_0$，式中 μ_0 为原总体平均数，μ 为另一总体平均数。第一式即谓原假设两总体平均数相等（或两平均数原属同一总体）。对应的假设就是备择假设 H_1，两总体平均数不相等，不论 $\mu > \mu_0$ 或 $\mu < \mu_0$ 均为不相等。

（2）在原假设为正确的假定下，研究某一样本平均数（$\bar{X}$）的抽样分布，算出 X 平均数 $\bar{X}$ 的出现概率，这个概率可由下式求得：

$$P(a < x < b) = \frac{1}{\sqrt{2\pi}\sigma} \int_a^b e^{-\frac{(x-\mu)^2}{2\sigma^2}} \mathrm{d}x$$

由于这个积分的计算较繁，标准分布 $N(0, 1)$ 已被列成表，表中给出

$$P(U \geqslant K_\alpha) = \frac{1}{\sqrt{2\pi}} \int_{k_\alpha}^\infty e^{-\frac{x^2}{2}} \mathrm{d}x = \alpha$$

式中 U 遵从 $N(0, 1)$，K_α 为 α 的概率下的临界 U 值。

对于不是标准的情况，则化为标准情况后再去查表，即可确定其概率。

$$U = \frac{(x - \mu)}{\sigma} \tag{2.1}$$

式中 U 是离均差以标准差为单位的变换（即是以标准差为单位的离差）。

例2.2 某厂金工车间生产铆钉，其标准直径 $\mu_0 = 2\text{cm}$。我们知道，即使工艺条件不变，所生产的铆钉直径也不可能完全相等，总是有些波动。从过去大量数据计算

得知标准差 $\sigma_0 = 0.1$ cm。现改用一种新工艺以提高产量，抽取新生产的铆钉 100 颗（$= n$），测得平均直径 $\bar{X} = 1.978$ cm。问新工艺生产的铆钉的直径与原工艺所生产的有无真正的差异？换句话说，$\bar{X}$ 与 μ_0 的差异是由于随机抽样误差所致，还是因为是从不同的总体中抽取的样本？

解：统计假设检验思想是对研究总体先设立一假设，

①H_0：$\mu = \mu_0$

　H_1：$\mu \neq \mu_0$

②在原假设为正确的假定下，研究样本平均数 $\bar{X} = 1.978$ 的出现概率。从统计理论得知，$\bar{X}$ 近似正态分布 $N(\mu_0, \sigma)$，式中 $\sigma = \sigma_0/\sqrt{n}$，求 $\bar{X} = 1.978$ 的出现概率。

先求出离均差的变换：

$$U = \frac{\bar{X} - \mu_0}{\sigma} \qquad (2.2)$$

$$= \frac{1.978 - 2}{0.1/\sqrt{100}} = -2.2$$

这就是说，平均数 1.978 的离均差是落在 -2.2 这个平均数标准差上（参看图 2.1），查表求得它的出现概率 $\alpha = 0.0217$（注意这是两尾的概率），$K_\alpha = 2.2$。

从图中可见现在的 $\bar{X} = 1.978$ 是落在区间 $\mu_0 - 1.96\,\sigma_{\bar{x}}$ 至 $\mu_0 + 1.96\,\sigma_{\bar{x}}$ 之外，即超出 1.9804 至 2.0196 的区间。从前述的正态分布可知，一事件的出现概率小于 5%，即 20 次中才可能出现 1 次（通常称这种事件为小概率事件），因此我们认为 X 来自同一总体的可能性太小了，不能相信原假设 $\mu = \mu_0$，从而否定该假设，认为工艺的改变确实使铆钉的直径变小了。反之，如 X 落在接受区间内（$P = 0.95$），就应接受该假设（$\mu = \mu_0$），认为 $\bar{X}$ 与 μ_0 的差异只是正态随机误差。这就是统计假设检验的基本思想。

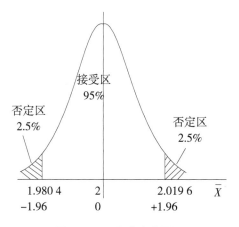

图 2.1　5% 显著水准图示

用来检验假设正确与否的概率标准5%或1%等,称为显著水准(或水平),一般以 α(或 P)表示,如果 $\alpha = 0.05$ 或 $\alpha = 0.01$(指两边概率总和),两个否定区域 $\bar{X} \leqslant -1.96\,\sigma_{\bar{x}}$ 和 $\bar{X} \geqslant +1.96\,\sigma_{\bar{x}}$ 则称为5%显著水准的否定区。当差异的概率 $P < 0.05$ 时称为差异显著, $P < 0.01$ 时称为差异极显著。

检验时选用的显著水准除最常用的 $\alpha = 0.05$ 及 $\alpha = 0.01$ 外,也可选 $\alpha = 0.10$ 或 $\alpha = 0.001$ 等,选用哪一显著水准应根据试验的要求和重要性而定。如试验中难以控制的因素较多,误差可能较大时,则显著水准可以选较低些,即 α 值较大(如0.1)。反之,精确度要求较高时,则显著水准选高些,即 α 值较小(如0.001)。

2.2 两尾检验与一尾检验

如前所述,进行统计假设的检验时,对研究的总体先设立一假设: $\mu = \mu_0$,其相应的备择假设有两种情况:① $\mu \neq \mu_0$;② $\mu > \mu_0$ 或 $\mu < \mu_0$。备择假设是否定原假设时所必然接受的另一假设。如例2.2,检验新工艺生产的铆钉和旧工艺生产的铆钉有没有显著的差异,如否定原假设($H_0: \mu = \mu_0$),则必然接受相应的备择假设 $\mu \neq \mu_0$。因新工艺生产的铆钉有可能大于或小于原有的铆钉,铆钉大于或小于直径 $2 \pm 1.96 \times 0.01\mathrm{cm}$ 的均属不合规格,因此,正负两边的2.5%概率均为否定区,这称为两尾检验,两边概率之和仍为5%。

有时我们关心总体均值一个方面的变异,如是否变大(或变小),此时只有 $\mu > \mu_0$(或 $\mu < \mu_0$)才否定原假设 H_0,即备择假设为 $H_1: \mu > \mu_0$(或 $\mu < \mu_0$)。如果仍取 $\alpha = 0.05$,则当 $\mu > \mu_0 = 1.64$ 时即否定原假设 H_0。

例如某种农药,规定杀虫效果达95%以上方合标准,则 $H_0: \mu = \mu_0$; $H_1: \mu > \mu_0$,这个对应备择假设只有一种可能性,故统计假设只有一个否定区,即正态曲线的右边(或左边,如 $H_1: \mu < \mu_0$)。这类检验称为一尾检验。如本例作一尾检验时,仍取 $\alpha = 0.05$,则否定区域应为:

$$\bar{X} \geqslant (\mu + 1.64\,\sigma_{\bar{X}})$$

两尾检验的显著水准的临界离差 $|U|$ 大于一尾检验的 U(即以标准差为单位的离差)。例如 $\alpha = 0.05$ 时,两尾检验的 $|U| = 1.96$,而一尾检验的 $U = 1.64$ 或 -1.64。在试验之前即应慎重考虑采用一尾检验还是两尾检验。

例2.3 某农场提供一批棉花给工厂,工厂拟测定其纤维强度是否大于 $200\,\mathrm{P_{si}}$,据过去经验得知纤维强度的方差 σ^2 为100,则检验的假设为 $H_0: \mu = \mu_0 = 200$。

解:备择假设为 $H_1: \mu > 200$。

随机抽取 10 个试样，计得其平均抗拉强度 $\bar{X} = 214\ \mathrm{P_{si}}$，离差的变换 U（或 Z_0）计算如下：

$$U = \frac{\bar{X} - \mu_0}{\sigma/\sqrt{n}} = \frac{214 - 200}{10/\sqrt{10}} = 4.427$$

假如显著水准仍取 $\alpha = 0.05$，可从正态分布表中查出 $U_{0.05} = 1.645$，现 $U = 4.427 > 1.645$，于是否定 H_0 而接受 H_1。结论是这批棉花的纤维强度超过 $200\ \mathrm{P_{si}}$，差异极显著（$U = 4.427$，$P < 0.000\ 6$）。

2.3　t 检验

上节谈的统计检验都是在总体方差（或标准差）为已知的条件下检验正态总体的均值，这种检验称为 U 检验。如果总体标准差未知，则只能以样本值估计，$S^2 \to \sigma^2$，这种检验叫作 t 检验，要计算 t 的统计量。计算公式为：

$$t = \frac{\bar{X} - \mu_0}{S/\sqrt{n}} \tag{2.3}$$

例2.4　某糖厂用一台打包机包装白糖。一包白糖的标准重量为 $\mu_0 = 100\mathrm{kg}$，某天检测了 9 包糖，重量结果如下：

99.3，99.8，100.5，101.2，98.3，99.7，99.5，102.1，100.5。

问：当天包装机的工作状态是否正常？（显著水平为 5%）

解：由于 σ 未知，用样本对其进行估计：

$$\bar{X} = \frac{1}{9}\sum_{i=1}^{9} x_i = 100.1$$

$$S^2 = \frac{1}{9-1}\sum_{i=1}^{9}(x_i - \bar{X})^2 = 1.252\ 5$$

$$S = 1.12$$

计算统计量　$t = \dfrac{x - \mu_0}{S/\sqrt{n}} = \dfrac{100.1 - 100}{1.12/\sqrt{9}} = 0.267\ 9$

统计假设为　$H_0: \mu = \mu_0$　$H_1: \mu \neq \mu_0$

如果 $|t| > t_{\alpha, n-1}$，拒绝 H_0，接受 H_1。

从 t 表得到，$df = N = n - 1 = 8$ 时，概率值 P 是两尾之和。现在 $|t| = 0.2679 < t_{0.05, 8} = 2.31$，我们不能拒绝 H_0（$\mu = \mu_0$）。即试验当天的结果和原假设 $\mu_0 = 100\text{kg}$ 之间没有显著的差异，包装机工作正常。

进行 t 检验时往往还要讨论置信区间。从统计的概率观点来说，上述判断的可信度为 95%，也就是说平均数 100.1kg 是落在 95% 的概率区间内，这个叫 "置信区间"（confidence interval），置信区间计算如下：

$$\bar{X} \pm t_{0.05} \times S_x = 100.1 \pm 2.31 \times 0.373 = 100.1 \pm 0.862$$

其总体 μ 落在 $I_1 = 99.238$ 至 $I_2 = 100.962$ 之间的概率占 95%，这就是所谓可信度。

例 2.5 某轮胎厂的质量分析报告中说明，该厂某种轮胎的平均寿命在一定的载重负荷与正常行驶条件下不会大于 25 000km，平均轮胎寿命的公里数近似服从正态分布，现对该厂该种轮胎抽取 15 个样本，试验结果得样本均值为 27 000km。问该厂产品与质量分析报告是否相符。

1	2	3	4	5	6	7	8	9	10	11	12	13	14	15
21 000	19 000	33 000	31 500	18 500	34 000	29 000	26 000	25 000	28 000	30 000	28 500	27 500	28 000	26 000

解：检验的假设为 $H_0: \mu = \mu_0 = 25\,000$

备择假设为 $H_1: \mu > 25\,000$

随机抽取 15 个试样，计得其平均抗拉强度 $\bar{X} = 27\,000$，离差的变换 t 计算如下：

$$t = \frac{\bar{X} - \mu_0}{S/\sqrt{n}} = \frac{27\,000 - 25\,000}{4\,636.809/\sqrt{15}} = 1.671$$

假如显著水准仍取 $\alpha = 0.05$，可从 t 分布表中查出一尾 $t_{0.05, 14} = 1.761$，现 $t = 1.671 < 1.761$，于是接受 H_0 而否定 H_1。结论是样本均值与总体均值无显著差异，即是相符的。

2.4 两样本平均数 "差异" 的检验

这是检验两个样本所属的总体平均数有无显著性差异的方法。可分为两种：成组数据的平均数比较与成对数据的平均数比较。

1. 成组数据的平均数比较

如果两组处理的是完全随机设计，两组间又是彼此独立的，则不论两组样本含量（个数）是否相等，其数据均为成组数据。成组数据平均数的比较，又因两样本所属的总体方差是否已知和样本的个数不同而采取不同的检验方法，分述如下：

（1）如总体方差 σ^2 为已知，检验两总体平均数的差异 $\mu_1 - \mu_2$ 是否显著，则：

$$H_0 : \mu_1 - \mu_2 = 0$$

检验方法是从总体 1 中抽取 n_1 个样本计算其平均值 $\bar{X}_1$，又从总体 2 中抽取 n_2 个样本计算其平均值 $\bar{X}_2$，并按以下公式计算统计量 U（或记作 Z_0）。

$$U = \frac{\bar{X}_1 - \bar{X}_2}{\sqrt{\dfrac{\sigma_1^2}{n_1} + \dfrac{\sigma_2^2}{n_2}}}, \ \ \text{或} \ U = \frac{\bar{X}_1 - \bar{X}_2}{\sigma\sqrt{\dfrac{1}{n_1} + \dfrac{1}{n_2}}} \tag{2.4}$$

上式的分母为"平均数差数标准差"，和前假设检验的道理一样，若 $|U| > U_2$，则拒绝 H_1 而接受 H_0。注意这里所用的正态分布表为二尾表。

（2）当总体平均数与方差均属未知，进行两组样本平均数的比较时，可从总体中抽取样本进行估计。这里又分两种情况，一种是两总体方差可能是相同的，另一种是未能假设两总体方差是相同的，兹分述如下。

a. 假设 $\sigma_1^2 = \sigma_2^2 = \sigma^2$，可从样本的 S^2 计算共同混合方差 S_p^2。分别从两总体中抽取 n_1 及 n_2 个观察数，计算 $\bar{X}_1$，$\bar{X}_2$；S_1^2 和 S_2^2。

第一步，以下式求混合方差：

$$\begin{aligned} S_p^2 &= \frac{(n_1-1)S_1^2 + (n_2-1)S_2^2}{(n_1-1)+(n_2-1)} \\[2mm] &= \frac{SS_1 + SS_2}{(n_1-1)+(n_2-1)} \\[2mm] &= \frac{\sum(x_i - \bar{X}_1)^2 + \sum(x_i - \bar{X}_2)^2}{n_1 + n_2 - 2} \end{aligned} \tag{2.5}$$

S_p^2 实为两样本方差的加权平均。

第二步，利用下式求两样本平均数的差数标准差：

$$S_d = S_{\bar{X}_1 - \bar{X}_2} = S_p \sqrt{\frac{1}{n_1} + \frac{1}{n_2}} \tag{2.6}$$

当$n_1 = n_2 = n$ 时，$S_d = \sqrt{\dfrac{2S_p^2}{n}}$

第三步，进行统计假设的检验——t 检验：

设　H_0：$\mu_1 = \mu_2$

　　H_1：$\mu_1 \neq \mu_2$

计算统计量

$$t_0 = \frac{(\bar{X}_1 - \bar{X}_2) - (\mu_1 - \mu_2)}{S_p \sqrt{\dfrac{1}{n_1} + \dfrac{1}{n_2}}}$$

$$= \frac{\bar{X}_1 - \bar{X}_2}{S_d} \tag{2.7}$$

t_0 值实为差数的离差（平均为 0），以平均数的差数标准差 S_d 为单位的变换，它服从（0，S_d）的 t 分布，其分布概率可按不同的自由度查 t 分布表。

例2.6 为研究喷雾机两种不同喷头的效果，在玉米抽穗期用喷头 1 喷 8 块玉米地，用喷头 2 喷 9 块玉米地，收获时的产量结果如表2.1 所示，试检验两种喷头的效果是否显著不同。

表2.1　两种不同喷头对玉米产量的影响

单位：斤

	喷头 1	喷头 2
玉米产量	160	170
	160	270
	200	180
	160	250
	200	270
	170	290
	150	270
	210	230
		170
总计	1 410	2 100

本题属两组样本的比较。喷头 1 为一组，喷头 2 为另一组，从样本估计总体平均数及方差。应用公式（2.5）~（2.7），显著水准 $\alpha = 0.05$。

解：设　$H_0 : \mu_1 = \mu_2$，$H_A : \mu_1 \neq \mu_2$

①计算两组样本平均数：

$\bar{X}_1 = 176.25$ 斤，$\bar{X}_2 = 233.33$ 斤。

②计算两组平方和：

$SS_1 = 3\ 787.5$，$SS_2 = 18\ 400$

③计算混合方差及标准差：

$$S_p{}^2 = \frac{3\ 787.5 + 18\ 400}{7 + 8} = 1\ 479.17$$

$S_p = 38.46$

④计算平均数差数标准差：

$$S_d = S_p \sqrt{\frac{1}{n_1} + \frac{1}{n_2}} = 38.46 \times \sqrt{\frac{1}{8} + \frac{1}{9}} = 18.69\ 斤$$

⑤求 t_0 统计量：

$$t_0 = \frac{176.25 - 233.33}{18.69} = -3.05$$

查 t 分布表，$df = n_1 + n_2 - 2 = 8 + 9 - 2 = 15$，$t_{0.05} = 1.75$，现计算的 $|t_0| = 3.05 > t_{0.05, 15} = 1.75$，故 $P < 0.05$，否定$H_0 : \mu_1 = \mu_2$，结论是两种喷头的效果差异显著。

这种平均数的比较方法，在一些简单的试验中常会用到，如医药临床试验和机耕试验等常会比较两组不同处理。

b. 两组样本平均数的比较，当总体方差未知，且未能假设其相等的情况下，t 检验应稍加修改。也有几种修改方法。由于 $\sigma_1{}^2 \neq \sigma_2{}^2$，故差数标准差应由两样本的方差 $S_1{}^2$ 及 $S_2{}^2$ 估计，即应用公式（2.8）求平均数差数标准差。

$$S_d = \sqrt{\frac{S_1{}^2}{n_1} + \frac{S_2{}^2}{n_2}} \tag{2.8}$$

此时由于 $\sigma_1{}^2 \neq \sigma_2{}^2$，不能用公式（2.5）来求混合平方及自由度，可用下述公式（2.9）修改自由度 V 后按 V 查原 t 分布表以确定其出现概率。

$$V = \frac{\left(\dfrac{S_1{}^2}{n_1} + \dfrac{S_2{}^2}{n_2} \right)^2}{\dfrac{(S_1{}^2 / n_1)^2}{n_1 + 1} + \dfrac{(S_2{}^2 / n_2)^2}{n_2 + 1}} - 2 \tag{2.9}$$

统计量 t_0 的算法如前（公式内的符号意义同前）：

$$t_0 = \frac{\bar{X}_1 - \bar{X}_2}{\sqrt{\dfrac{S_1^2}{n_1} + \dfrac{S_2^2}{n_2}}} = \frac{\bar{X}_1 - \bar{X}_2}{S_d} \tag{2.10}$$

2. 成对数据的比较

成对数据的比较又称为并对法（pairing method），是一种简单而精确的对比试验设计。将供试的两样本置于相同的条件下，进行两种不同的处理（随机地）以作为比较，所得的观测值称为成对的数据。例如在条件最为接近的两小区栽种小麦，重复若干次，以比较其产量；或在同一机器上，进行两种不同压力加工法的比较；或在同一患者身上比较两种药剂的反应试验，重复若干人次进行试验，这都称为并对法。由于同一配对内的试验环境条件很接近或相同，因此两配对数据的差异（如果没有其他因素的影响）可视为纯误差，在分析结果时，只要假设两样本的总体差数的平均 $\mu_d = \mu_1 - \mu_2 = 0$，而无须假定总体方差相同（相同与否都一样）。兹举例说明如下。

例 2.7 现用一硬度仪检验某厂生产的新旧两种顶针的硬度所给出的读数是否一致。抽取 10 条试样，随机将每条试样分成两段（设同一试样的硬度一致，不同试样间的硬度可能有异）。随机选取一端给顶针①测试，另一端给顶针②测试，这就叫配成对子。重复 10 条试样的测定，得硬度读数如表 2.2 所示。

每一观察数的线性模型如下：

$$X_{ij} = \mu_i + \beta_j + E_{ij} \quad \begin{cases} i = 1,\ 2 \\ j = 1,\ 2,\ \cdots,\ 10 \end{cases}$$

X_{ij} 表示用顶针 i 在试样 j 上所得的读数；μ_i 表示顶针 i 的真实平均数（i 总体平均）；β_j 表示第 j 条试样的硬度反应（不同的试样可能有样本间的差异）；E_{ij} 表示第 ij 个随机试验误差。

表 2.2　顶针硬度测试数据

试样号	TIP①：X_1	TIP②：X_2	d：$X_1 - X_2$
1	7	6	1
2	3	3	0
3	3	5	-2

（续上表）

试样号	TIP①：X_1	TIP②：X_2	d：$X_1 - X_2$
4	4	3	1
5	8	8	0
6	3	2	1
7	2	4	−2
8	9	9	0
9	5	4	1
10	4	5	−1
Σd_j	48	49	−1
$\overline{X}$	4.8	4.9	$−0.1 = \overline{d}$

将每条试样两端测得的读数相减，即得差数：

$$d_j = X_{1j} - X_{2j}$$

此等差数的期望值为：$\mu_d = E_{dj} = E(X_{1j} - X_{2j}) = E(X_{1j}) - E(X_{2j})$

将观察数模型代入：$\mu_d = E(\mu_1 + \beta_j + E_{1j}) - E(\mu_2 + \beta_j + E_{2j})$

$$= E(\mu_1 - \mu_2) + E(E_{1j} - E_{2j})$$

$$= \mu_1 - \mu_2$$

注意：此时 β_j 效应在每配对数据相减时即被消去。

统计假设的检验为：

H_0：$\mu_1 = \mu_2$，即 $\mu_d = 0$

H_1：$\mu_1 \neq \mu_2$，即 $\mu_d \neq 0$

须计算 t 统计量：

$$t_0 = \frac{\overline{d} - \mu_d}{S_{\overline{d}}} = \frac{\overline{d}}{\dfrac{S_d}{\sqrt{n}}}$$

$$\overline{d} = \frac{\sum (x_{1i} - x_{2i})}{n} = \overline{X}_1 - \overline{X}_2$$

式中 $\overline{d}$ 为差数的平均，也是平均数的差数，此时差数的标准差 S_d 可直接按下述公式求得：

$$S_d = \sqrt{\frac{\sum (d_j - \bar{d})^2}{n-1}} = \sqrt{\frac{\sum d_j^2 - \frac{1}{n}(\sum d_j)^2}{n-1}} \qquad (2.11)$$

若 $|t_0| > t_{\alpha, n-1}$，将否定 H_0。

本例表 2.2 数据计算如下：

$$\bar{d} = \frac{1}{n}\sum d_j = \frac{1}{10} \times (-1) = -0.1$$

$$S_d = \sqrt{\frac{13 - \frac{1}{10} \times (-1)^2}{10-1}} = 1.197$$

统计检验：$t_0 = \dfrac{\bar{d}}{S_d/\sqrt{n}} = \dfrac{-0.1}{1.197/\sqrt{10}} = -0.264$

由于 $t_{0.05,9} = 2.262$，现 $|t_0| = 0.264 < 2.262$，$P > 0.05$，因此我们不能否定 $H_0：\mu_1 = \mu_2$ 的假设，只能认为两种顶针的硬度差异不显著。

这种试验设计，实际是随机区组试验设计的一种特殊形式（只比较两处理）。对于随机区组设计，后文将有详细的介绍。

由于配对进行试验，我们可避免另一种变异来源，即试样间差异的影响。从另一方面看，我们可利用表 2.2 的资料作两组样本平均数的比较。如 2.4 节成组数据的平均数比较方法，求出混合的样本方差 $S_p{}^2$ 及标准误差 $S_p = 2.32$，和现有并对法的标准误差 $S_d = 1.21$ 比较，可知，由于配对的结果试验误差减少将近 50%。可知一个简单的试验，其误差的大小与试验设计得是否适当有密切的关系。

2.5　方差比较的统计检验

我们在实验研究或生产工作中，不但需要对样本平均值进行比较与鉴别，有时还要对试样的变异程度加以比较，这就是方差的比较。本节谈的是方差的比较检验（test of variance），或称变量的比较。

例如，在工业上比较某些产品的某些指标的稳定性，在农业上比较杂种 F_1 代及 F_2 代变异的大小，或比较两种生长的整齐度等，都属于方差比较。比较方差的方法有两种：一是卡方检验（$\chi^2 - \text{test}$）；二是 F 检验（$F - \text{test}$）。

1. χ^2 检验

检验的统计量为 χ^2（chi-square），χ^2 是离差平方和（SS）对方差的比率：

$$\chi_0^2 = \frac{SS}{\sigma_0^2}$$

分子 $SS = \sum(x - \bar{x})^2$。统计假设的检验为：

$$H_0: \sigma^2 = \sigma_0^2$$
$$H_1: \sigma^2 \neq \sigma_0^2$$

其显著性检验的概率可查 χ^2（卡方）表。若上界 $\chi_0^2 > \chi_{\frac{\alpha}{2}}^2$ 或下界 $\chi_0^2 < \chi_{(1-\alpha)/2}^2$，则显示差异显著，总体方差有显著变化，$\sigma^2 \neq \sigma_0^2$。

例2.8 已知维尼纶纤度在正常条件下遵从正态分布 $N(1.405, 0.048^2)$，某日随机抽取 5 根纤维，测得纤度为 1.32，1.55，1.36，1.40，1.44，问这一天纤度的总体标准差（变异度）是否正常。

统计假设为：$H_0: \sigma^2 = \sigma_0^2$；$H_1: \sigma^2 \neq \sigma_0^2$

先计算统计量：$x_0^2 = \dfrac{\sum(x - \bar{x})^2}{\sigma_0^2}$

$$= \frac{0.031}{0.0023} = 13.48$$

其分子表示离散度。正常情况下总体标准差 $\sigma = 0.048$。它与分子的比值太大或太小都说明总体标准差的改变。查 χ^2 表，自由度 $df = n - 1 = 5 - 1 = 4$。如显著水准 $\alpha = 10\%$，查得 $\chi_{\alpha/2}^2 = 9.49$ 和 $\chi_{1-\alpha/2}^2 = 0.711$。今 $\chi^2 = 13.48 > \chi_0^2$，故可否定 $H_0: \sigma^2 = \sigma_0^2$，即可认为总体方差（或标准差）已显著变大。纤维纤度显著不同于正常状态，并非由于偶然，可能机器或原料有问题。

2. F 检验

F 分布实际是两方差比率的分布。

$$F = \frac{S_1^2}{S_2^2}$$

统计量 F 的概率分布依 S_1^2 及 S_2^2 两方差的自由度不同而异。F 检验的统计假设亦为两总体方差相等，$H_0: \sigma_1^2 = \sigma_2^2$；$H_1: \sigma_1^2 \neq \sigma_2^2$。如属正确，则 F 比率应接近 1，当比率偏离某一界限（显著水准），则否定假设 H_0。兹举例以说明 F 检验的应用。

例2.9 对 FH－10 型和 A－10 型两种担架式喷雾机进行喷雾性能、雾粒粒径及均匀度（变异程度）的比较试验。试验在室内进行，试验条件比较一致，干扰也较少。试验方法是用载玻片上涂层采集雾粒，粒径用图像分析仪自动测量。在本试验中，载玻片即为试验单元，各试验单元应随机安排以接受两种试验处理（即两种喷雾机）。每种用 10 块载玻片随机取样。试验方法：每次试验均在距喷头径向 2m 处放置载玻片，接收雾粒，在每片载玻片上随机观察 30 个雾粒粒径，以其平均值作为每次采样的数据。测试结果如下：

FH－10 型：平均粒径 = 12.61μm，标准误差 S_1 = 13.763 5μm

A－10 型：平均粒径 = 138.7μm，标准误差 S_2 = 32.245 8μm

试比较其粒径的均匀度（以方差表示）是否有显著差异。

这里统计假设为 H_0：$\sigma_1^2 = \sigma_2^2$；H_1：$\sigma_1^2 \neq \sigma_2^2$

计算统计量：$F = \dfrac{S_2^2}{S_1^2} = \dfrac{1\,039.791\,6}{189.433\,9} = 5.49$

分子分母的方差自由度 $n_1 = n_2 = 10 - 1 = 9$。按此查 F 分布表，得显著水准 $\alpha = 0.05$（或 0.01）的 F 值。本例为两尾检验，若设显著水准 $\alpha = 10\%$，当 $F > F_{\alpha/2}$ 时即拒绝 H_0，而接受 H_1。本例 $F = 5.49$，大于 $F_{\alpha/2} = F_{0.05, n_1, n_2} = 3.18$，我们可否定假设 H_0，即两种雾粒粒径的方差（标准差）不等，有显著差异。

F 值表中为了方便起见，只给出上限 F 值，因我们计算 F 时，总可将较大的那一个样本方差当作分子，因此 F 值总是大于 1，上限是 $F_{\alpha/2}$，而不是 F_α。

如果用 F_α 来检验则是单尾检验，可检验 $\sigma_1^2 \geq \sigma_2^2$ 和 $\sigma_1^2 \leq \sigma_2^2$。对于检验假设 $\sigma_1^2 \leq \sigma_2^2$，用统计量 $F = S_2^2/S_1^2$；对于检验假设 $\sigma_1^2 \geq \sigma_2^2$，用统计量 $F = S_1^2/S_2^2$。

给定一个 α 概率水准（或水平），究竟应取 $\alpha/2$ 还是取 α，这要看备择假设取什么形式，如取双边的，即 H_1：$\sigma_1^2 \neq \sigma_2^2$，则用 $\alpha/2$；如取单边的，如 $\sigma_1^2 \geq \sigma_2^2$，则用 α。

第3章　方差分析

方差分析（analysis of variance）是为了进一步比较多于两种处理而设计的统计分析方法。前述的比较方法与统计检验方法，只适用于两样本间的比较。如有 k 个样本，而 $k > 2$ 时，需测定假设H_0：$\mu_1 = \mu_2 = \cdots = \mu_k$，则前述方法已不适用。在一个总体内作多个样本的同时比较时，在理论上概率的显著性（$\alpha = 0.05$）已被扩大，容易导致统计学上的 I 类错误（type I error）。所谓 I 类错误，就是原来是真实的假设H_0反而被拒绝了。例如，欲比较 5 个样本平均数是否相等，如仍用 t 检验法逐一比较，则将需要 10 次比较（$C_5^2 = 10$）。如接受H_0的概率仍取 $0.95 = (1 - \alpha)$，则 10 次对比正确接受H_0的概率为 $0.95^{10} = 0.60$（设试验是互相独立的），因而，结果就大大增加了 I 类错误，因 $\alpha = 1 - 0.6 = 0.4$。

因此，在$k \geqslant 3$ 时，一般不作 t 检验，除非被比较的样本在试验设计时即已指定（如只对标准样品进行比较等）。

如何分析各因素之间的真实差异，找出主要矛盾（或作用），并解决试验设计时所提出的问题，这就是方差分析所要解决的任务。方差分析可把总的变异（方差）区分为各种处理因素所引起的变异，检出因素的主次，其剩余的变异（方差）又可作为试验误差的估计，并可作为统计假设检验的依据。方差分析是试验设计及统计分析的一个重要方法。

3.1　方差分析的基本方法

先用"完全随机设计"（completely randomized design）的例子进行分析，以说明方差分析的基本方法。

例 3.1　某地拟采用工厂化育秧培养出一定规格的秧苗，配套插秧机的插植。但所需育秧盘数量很大，为了降低成本，某研究单位试用谷壳稻秆为原料，混合树脂胶固剂，压制成育秧盘。共采用了四种（A、B、C、D）胶固剂，每种压制四个试样（共 16 个试样），目的在优选一种胶固剂混合料，使所制成的育秧盘承压强度最合适。

为了保证胶固剂处理的强度检验在 16 个试样上的完全随机性（使每一样本均有接受任一次检验的机会），我们先将 16 个试样编号（见表 3.1）。

表 3.1　试样编号

处理	A	B	C	D
	1	5	9	13
	2	6	10	14
试号	3	7	11	15
	4	8	12	16

从 1～16 试号中随机抽取任一号，测定其承压指数，记录编号与测定结果，然后再随机抽取一个试号进行测试如前，直至 16 号试样全部测试完成。结果见表 3.2。

随机抽样的方法：抽签法是最简单易行的方法。可用乒乓球或纸团编号盛于袋中或其他容器中然后随机抽号（如抽奖一样），或利用"随机数字表"（一般附于试验统计书后），或利用电子计算器的随机数字发生键。若抽取时重复抽得已取过的号码则弃之再抽，直至抽剩最后一号为止。

表 3.2　随机测试结果记录表

测试次序	取样号	处理	测试结果（承压指数）
1	5	B	4.0
2	2	A	3.6
3	1	A	6.0
4	9	C	2.5
5	14	D	7.0
6	6	B	3.4
7	4	A	4.0
8	10	C	4.0
9	3	A	10.0
10	15	D	6.0
11	7	B	8.0
12	8	B	9.0

（续上表）

测试次序	取样号	处理	测试结果（承压指数）
13	16	D	10.0
14	12	C	5.0
15	11	C	7.0
16	13	D	10.0

将表3.2测试结果按处理归类列成如表3.3所示。

表3.3 育秧盘承压试验计算表

试样	处理				
	A	B	C	D	
Ⅰ	3.6	4.0	2.5	7.0	
Ⅱ	4.0	3.4	4.0	6.0	
Ⅲ	6.0	8.0	5.0	10.0	
Ⅳ	10.0	9.0	7.0	10.0	
总计（T_i）	23.6	24.4	18.5	33.0	T（总计）=99.5
平均（$\bar{x}_i$）	5.9	6.1	4.625	8.25	$\bar{x}$（总平均）=6.22

从表3.3可看出：①16个试样的承压指数差异很大，其原因可能是胶固剂不同，材料不均匀，或压制误差，变异范围为2.5～10；②四种胶固剂的承压指数的平均数都不同，有大有小，这可能是胶固剂种类不同所影响；③在同一胶固剂处理内，四个样本的数据也有不少差异，这显然与样本的不一致性有关，即谷壳材料的不均匀，或压制过程工艺的不一致，或是由偶然误差所造成。由于这些原因及试验误差的存在，我们还不能辨别出哪些平均数间的差异是由处理（胶固剂）不同所造成，抑或由误差所造成。所以，我们需要对这些变异作更进一步的分析。

（1）计算总的变异量：

总变异量即"总平方和"。即每一观测值x_{ij}对总平均$\bar{x}$的离差的平方和。

$$SS_T = \sum_{1}^{nk} (x_{ij} - \bar{x})^2$$

代入表 3.3 对应数值：

$$SS_T = 100$$

总平方和的自由度 $= nk - 1 = 16 - 1 = 15$。

（2）计算处理间（或称组间）平方和及方差：

这是每处理平均 $\bar{x}_i$ 对总平均 $\bar{x}$ 的离差平方的和，反映了不同处理（胶固剂）以及误差的影响之和。

$$SS_t = n \sum_{1}^{k} (\bar{x}_i - \bar{x})^2 = 27.12$$

计算处理间的变量方差，将处理平方和 SS_t 除以相应的自由度 $(k-1)$ 即可：

$$MS_t = \frac{SS_t}{k-1} = \frac{27.12}{(4-1)} = 9.04$$

（3）计算处理内（组内）平方和及方差：

$$SS_e = \sum_{1}^{k} \sum_{1}^{n} (x_{ij} - \bar{x}_i)^2$$

A 处理内平方和：$SS_{e_A} = (3.6 - 5.9)^2 + (4 - 5.9)^2 + (6 - 5.9)^2 + (10 - 5.9)^2 = 25.72$

B 处理内平方和：$SS_{e_B} = (4 - 6.1)^2 + (3.4 - 6.1)^2 + (8 - 6.1)^2 + (9 - 6.1)^2 = 23.72$

依同理计算 C 处理内平方和：$SS_{e_C} = 10.6875$

D 处理内平方和：$SS_{e_D} = 12.75$

将各处理内平方和累加即得全部处理内平方和：

$$SS_e = \sum_{1}^{k} \sum_{1}^{n} (x_{ij} - \bar{x}_i)^2 = SS_{e_A} + SS_{e_B} + SS_{e_C} + SS_{e_D}$$
$$= 25.72 + 23.72 + 10.6875 + 12.75 = 72.88$$

其自由度亦为各组内自由度之和：

误差自由度 $= k(n-1) = 4(4-1) = 12$

组内误差方差为：$MS_e = \dfrac{SS_e}{k(n-1)}$

$$= \frac{72.88}{12} = 6.07$$

经上述三步分析后，即可把组间（处理间）方差及组内（误差）方差分析出来，进行方差的比较，看处理间的方差变异是否明显大于误差方差。这时需要按照统计假设的检验方法进行比较，看其真实差异发生的概率究竟有多大，是否已达显著水准。这就是方差分析。首先要对这个问题从理论上做一点分析。

3.2　完全随机设计

设有 k 组处理样本，每组均有 n 个重复观测数据，则该试验资料可视作一个共有 nk 个观测值的随机样本组成的样本集团，是由正态分布 $N(\mu, \sigma^2)$ 总体抽取的。各观测值以符号标记，如表 3.4 所示。

表 3.4　有 k 处理及 n 重复的观测值的符号表

组别	1	2	⋯	i	⋯	k	
	x_{11}	x_{21}	⋯	x_{i1}	⋯	x_{k1}	
	x_{12}	x_{22}	⋯	x_{i2}	⋯	x_{k2}	
	⋮	⋮		⋮		⋮	
	x_{1j}	x_{2j}	⋯	x_{ij}	⋯	x_{kj}	
	⋮	⋮		⋮		⋮	
	x_{1n}	x_{2n}	⋯	x_{in}		x_{kn}	
总计	T_1	T_2	⋯	T_i	⋯	T_k	$T = \sum x_{ij} = $ 总和
平均	$\bar{X}_1$	$\bar{X}_2$	⋯	$\bar{X}_i$	⋯	$\bar{X}_k$	$\bar{x} = $ 总平均
方差	S_1^2	S_2^2	⋯	S_i^2	⋯	S_k^2	

注：x_{ij} 为任一观测值；$\bar{x}$ 为总平均；n 为重复观测数；k 为处理数；T 为总计。

现将表 3.4 的总变异作方差分析：

1. 分解平方和与自由度

偏差平方和可简称为平方和，方差是平方和除以自由度的商。要从一个试验的总变异分析出各个变异来源不同的变异，应首先将总平方和与自由度分解为各个变异来源的平方和与自由度。

（1）计算总的偏差平方和：

$$SS_T = \sum_1^{nk} (x_{ij} - \bar{x})^2 \tag{3.1}$$

总变异具有 nk 个观测值，故其自由度为：

$$df = nk - 1$$

（2）将总平方和与自由度分解为两部分，即组间的与组内的平方和与自由度：

$$\sum_1^{nk} (x_{ij} - \bar{x})^2 = \sum_1^k \sum_1^n \left[(\bar{x}_i - \bar{x}) + (x_{ij} - \bar{x}_i) \right]^2$$

展开得：

$$\sum_1^k \sum_1^n (x_{ij} - \bar{x})^2 = n \sum_1^k (\bar{x}_i - \bar{x})^2 + \sum_1^k \sum_1^n (x_{ij} - \bar{x}_i)^2 + 2 \sum_1^k \sum_1^n (\bar{x}_i - \bar{x})(x_{ij} - \bar{x}_i)$$

因式中末项为零，故有：

$$\sum_1^k \sum_1^n (x_{ij} - \bar{x})^2 = n \sum_1^k (\bar{x}_i - \bar{x})^2 + \sum_1^k \sum_1^n (x_{ij} - \bar{x}_i)^2$$

所以，亦有：

$$SS_t = n \sum_1^k (\bar{x}_i - \bar{x})^2 \tag{3.2}$$

$$SS_e = \sum_1^k \sum_1^n (x_{ij} - \bar{x}_i)^2 = SS_T - SS_t \tag{3.3}$$

即：总平方和（SS_T）= 组间（处理）平方和（SS_t）+ 组内（误差）平方和（SS_e）。
各项平方和的相应自由度亦为：

$$nk - 1 = (k - 1) + k(n - 1)$$

有累加性。

2. 计算各方差

（1）计算组间（处理间）方差：

$$MS_t = \frac{SS_t}{(k-1)} = S_t^2 \tag{3.4}$$

（2）计算组内方差：

$$MS_e = \frac{SS_e}{k(n-1)} = S_e^2 \tag{3.5}$$

3.3　F 检验

$$F = S_1^2 / S_2^2 = \frac{\sum (Xi_1 - \bar{X}i_1)^2 / (n_1 - 1)}{\sum (Xi_2 - \bar{X}i_2)^2 / (n_2 - 1)}$$

式中 S_1^2 为较大方差；S_2^2 为较小方差；Xi_1 及 $\bar{X}i_1$ 分别表示第 1 组样本的观测值及平均数；Xi_2 及 $\bar{X}i_2$ 分别表示第 2 组样本的观测值及平均数；n_1 及 (n_1-1) 分别表示第 1 组样本的观测个数及其自由度；n_2 及 (n_2-1) 分别表示第 2 组样本的观测个数及其自由度。

F 的概率分布与两组样本的自由度有关，不同的自由度其 F 分布的概率亦不同。从上式也可看到，若两方差接近相等，$\sigma_1^2 \approx \sigma_2^2$，即 $S_1^2 \approx S_2^2$，则 F 值接近 1。F 值愈大，其出现的概率愈小，小于某一概率水准（例如 $\alpha = 0.05$）时，我们可认为两方差差异显著，并非同一总体的样本，此时即可否定假设 H_0：$\sigma_1^2 = \sigma_2^2$，其中道理和前述的 t 统计检验相似。

以例 3.1 的方差分析为例，分析计算后将结果列成方差分析表如下：

表 3.5　方差分析表

变因	平方和（SS）	自由度（df）	方差（MS）	F
处理间（组间）	27.12	$k-1=3$	9.04	$MS_t / MS_e =$
处理内（组内）	72.88	$k(n-1)=12$	6.07	$9.04/6.07 = 1.489$
总计	100.00	$nk-1=15$		

F 检验的统计假设为各组样本方差均出于同一总体，故 H_0：$\sigma_1^2 = \sigma_2^2 = \cdots = \sigma_n^2 = \sigma^2$，本例显著水准 α 取 0.05。

$$F = \frac{MS_t}{MS_e} = \frac{9.04}{6.07} = 1.489$$

虽然 1.489 大于 1，但查 F 分布表可知 $F_{0.05,(n_1-1),(n_2-1)} = F_{0.05,3,12} = 3.49$，现 $F = 1.489 < 3.49$，故可判断四种胶固剂处理间没有显著差异，初步可以认为是同一总体中随机误差所致，不能拒绝 H_0：$\sigma_1^2 = \sigma_2^2 = \cdots = \sigma_4^2$。

例 3.2 用于制造男士衬衫的合成纤维的抗拉强度是制造商感兴趣的问题。据推测，纤维中棉的含量会影响纤维的强度。含棉率有 5 个等级，分别为 15%、20%、25%、30% 和 35%。每一级棉花百分率将进行 5 次强度检测，总共 25 次观测将按随机顺序进行。

表 3.6　合成纤维的抗拉强度

单位：Ib/in²

含棉率	1	2	3	4	5	y_i	$\bar{y}_i$
15%	7	7	15	11	9	49	9.8
20%	12	17	12	18	18	77	15.4
25%	14	18	18	19	19	88	17.6
30%	19	25	22	19	23	108	21.6
35%	7	10	11	15	11	54	10.8

（1）建立假设：H_0：$u_1 = u_2 = u_3 = u_4 = u_5 = u$，且样本具有共同的方差。

（2）用 SPSS 来求解，由试验数据得：

① $SS_T = 636.96$，$df_T = 25 - 1 = 24$

② $SS_t = 475.76$，$df_t = 5 - 1 = 4$

③ $SS_e = SS_T - SS_t = 161.20$

方差分析结果如下表所示：

表 3.7　单因素方差分析结果

S. V	SS	df	MS	F
Treatments	475.76	4	118.94	14.76**
error	161.20	20	8.06	
Total	636.96	24		

试验结果分析：

（1）本题中，$F = 14.76$，$P \approx 0.000 < 0.001$，无论临界值取 0.05，还是取 0.01，P 值均小于临界值，否定原假设，因此 5 种不同的棉花含量对于抗拉强度具有显著影响。

（2）当差异极显著，已超过 $\alpha = 0.01$ 的水准，通常在 F 值右上角记以两星号以表示 F 值差异极显著，标一个星号时则表示差异显著，只达 $\alpha = 0.05$ 的水准。

3.4　多重平均数的比较

F 检验是一个总体的概念，只是指出这些平均数（处理）之间的差异是显著或不显著。如例 3.2，如果 F 检验显著，则是否每两平均数间都有显著差异？只凭 F 检验还未能决定，可进一步进行各平均数间的比较。比较法有多种，这里只介绍主要的三种：

1. **最小显著差数法**（the least significant difference method，LSD）

先算出平均数差数的标准误差 $S_d = \sqrt{2S_e^2/n}$，式中 n 为样本含量，即样本包含的观测个数；S_e^2 为误差方差。从 t 分布表可查出在误差方差 S_e^2 的自由度下显著水准 α 的临界 t 值，t_α（两尾）。最小显著差数公式为：

$$LSD = S_d t_\alpha \tag{3.6}$$

公式原理如前 t 法。

若两个平均数的差数 $\geqslant LSD$，即为在 α 水准上显著，如例 3.2，$S_e^2 = 8.06$，$df = 20$。

$$S_d = \sqrt{\frac{2 \times 8.06}{5}} = 1.796$$

查 t 表，$t_{0.05,20}$（两尾）值为 2.086，$t_{0.01,20}$（两尾）值为 2.845。

最小显著差数：$LSD_{0.05} = 1.796 \times t_{0.05,20} = 1.796 \times 2.086 = 3.75$

$LSD_{0.01} = 1.796 \times t_{0.01/2,20} = 1.796 \times 2.845 = 5.11$

凡两平均数的差数等于或大于 3.75 的，即表示其差异已达 5% 显著水准。如例 3.2，$\bar{x}_4 - \bar{x}_1 = 21.6 - 9.8 = 11.8$，大于 $LSD_{0.01} = 5.11$，故差异极显著；$\bar{x}_5 - \bar{x}_1 = 10.8 - 9.8 = 1 < LSD_{0.05} = 3.75$，差异不显著，余可类推。

LSD 法采用合计的误差方法，计算较简单，但各平均数比较时有扩大第 II 类错误的趋势，所以近年来较少采用，除非被比较的两样本平均数在试验计划实施前已被确定。

2. 最小显著极差法（least significant range test，LSR）

这种方法的特点是不同平均数间的比较是采用不同的显著差数标准，可用于多个平均数间的相互比较，其常用的方法有多重极差检验与 q 检验两种：

（1）多重极差检验（Duncan 新复极差检验，Duncan's multiple range test，或称多范围检验法），又称 SSR 检验。

其统计假设亦为 H_0：$\mu_A - \mu_B = 0$。计算步骤：先计算平均数标准误差 $SE(S_{\bar{x}})$，当样本容量均为 n 时，

$$S_{\bar{x}} = \sqrt{\frac{S_e^2}{n}}$$

例 3.2 中平均数标准误差：

$$S_{\bar{x}} = \sqrt{\frac{S_e^2}{n}} = \sqrt{\frac{8.06}{5}} = 1.27$$

查 "多范围检验 t 分布表"（亦称 SSR 表），得到在 S_e^2 的自由度下的 $P = 2$，3，$\cdots$，k 的 SSR_α 值（P 为某两样本极差间所包含的平均数的个数），进而计算各个 P 值下的最小显著极差 LSR_α，其公式如下：

$$LSR_\alpha = S_{\bar{x}} \cdot SSR_\alpha \tag{3.7}$$

其次，将各平均数按大小顺序排列，求各 P 下的 LSR_α 值。凡两极差小于或等于 LSR_α 者，可接受 H_0，反之可拒绝 H_0，即两平均数极差在 α 水准上差异显著。

如例 3.2，查 "多范围检验 t 分布表"，当误差自由度 $= 20$，$P = 2$ 时，$SSR_{0.05} = 2.95$，故最小显著极差。

$$LSR_{0.05} = 1.27 \times 2.95 = 3.75$$

依同理可计算 $P=3$，$P=4$ 及 $P=5$ 时的 LSR_α 值。

表 3.8　不同 P 值下的 LSR 值

P	2	3	4	5
$SSR_{0.05}$	2.95	3.10	3.18	3.25
LSR	3.75	3.94	4.04	4.13

按各处理平均数的大小顺序排列：

表 3.9　平均数排序

$\bar{x}_1$	$\bar{x}_5$	$\bar{x}_2$	$\bar{x}_3$	$\bar{x}_4$
9.8	10.8	15.4	17.6	21.6
a	a	b	b	c

　　从小至大逐个进行比较，任何两平均数差异未达显著水准的可在其下方画一连线，不画在同一连线上的平均数都有显著性差异。亦有以字母标记以区别其差异显著性的。从最小的平均数开始在其下方标记 a 字母，并将该平均数与下一平均数比较，凡相差不显著的都标上相同的字母 a，直至某一平均数与之相比较差异显著即标以 b 字母，再从第二个开始往下比较，其理与画线同，余可类推。

　　（2）q 检验（亦称 Student – Newman – Keul 法）。

　　此法与上法相似，其区别仅仅在于计算最小显著极差时不是查 SSR 表，而是查 q 表。

　　最小显著极差公式为：

$$LSR_\alpha = S_{\bar{x}} \cdot q_\alpha \tag{3.8}$$

　　实际是平均数极差（以 $S_{\bar{x}}$ 为单位）的 t 分布表，但以 q 代 t 统计量。$q_\alpha = (\bar{x}_{max} - \bar{x}_{min})/S_{\bar{x}}$。

　　以例 3.2 为例，该试验的误差 $d_0 f_0 = 20$，$S_{\bar{x}} = 1.27$。

表 3.10 q 检验中不同 P 值下的 LSR 值

	2	3	4	5
$q_{0.05}$	2.95	3.58	3.96	4.24
LSR	3.75	4.55	5.03	5.38

3. 三种多重平均数比较法的评价

上述三种方法（最小显著差数法、多重极差检验及 q 检验）用于例 3.2 的计算结果见下表：

表 3.11 三种方法的计算结果

P	2	3	4	5
LSD 法（$t_{0.05}$）	3.75	3.75	3.75	3.75
SSR 法	3.75	3.94	4.04	4.13
q 法（$q_{0.05}$）	3.75	4.55	5.03	5.38

从上表的计算，可知当样本数 p（或 k）=2 时，三种方法的计算结果完全一致，但当 $p \geqslant 3$ 时，三种检验显著性的尺度都不一样。LSD 法所得显著的 t 值最低，SSR 法次之，q 法所得显著的 t 值最高，要求也最高。故 LSD 检验在统计推断时（相对于其他两法）犯 II 类错误的概率也较大，SSR 法次之，q 法最小。因此，对于试验数据的差异事关重大，或有严格要求者，宜采用 q 法检验；一般试验可采用 SSR 法检验；而试验各处理平均数皆与对照区比较的，可用 LSD 法。LSD 检验必须经过 F 检验且确认有显著差异时才可用，而 SSR 法与 q 法可不必经过 F 检验。

3.5 方差分析的数学模型

1. 线性可加模型

方差分析是建立在一定的线性可加模型的基础上的，每个观测值可以划分成若干个线性组成部分，它是分解平方和及自由度的理论依据。

设在一正态分布的总体 $N(\mu, \sigma^2)$ 中随机抽取容量为 n 的一组样本。由于随机误差的存在，每个观测值 x_i 都可含有 ε 的线性可加模型。

$$x_i = \mu + \varepsilon_i$$

这是未加任何处理的线性模型。

现将总体随机分成 k 个组，每组称为一亚总体，分别给予不同的处理，其纯效应以 T_i 表之。每处理随机测定 n 个样本，其资料总体模型如表 3.4，表中任一观测值的线性模型为：

$$X_{ij} = \mu + \tau_i + \varepsilon_{ij} \quad \begin{cases} i = 1,\ 2,\ \cdots,\ k \\ j = 1,\ 2,\ \cdots,\ n \end{cases} \quad (3.9)$$

式中处理效应实为处理平均数 μ_i 对总体平均 μ 的离差。

$$\tau_i = \mu_i - \mu$$

并满足：$\sum \tau_i = \sum (\mu_i - \mu) = 0$

用样本观测值表示时，每观测值的线性模型为：

$$x_{ij} = x + \tau_i + e_{ij}$$

2. 各方差组分的期望

"方差分析"可以分析总体中各方差组分（variance component）的期望值。

（1）处理内（组内）平方和及方差期望：

第一组内：

$$\sum_1^n (x_{ij} - \bar{x}_i)^2 = SS_1 = \sum_1^n x_{ij}^2 - \frac{T_i^2}{n}$$

$$E(SS_1) = n(\mu_1^2 + \sigma_1^2) - (n\mu_1^2 + \sigma_1^2) = n\sigma_1^2 - \sigma_1^2 = (n-1)\sigma_1^2$$

第二组，同理：$E(SS_2) = (n-1)\sigma_2^2$

$$\vdots$$

第 k 组：$\quad E(SS_k) = (n-1)\sigma_k^2$

因各亚总体（各分组处理）是同出于一总体，故可假设：

$$\sigma_1^2 = \sigma_2^2 = \cdots = \sigma_k^2 = \sigma_e^2$$

总计各亚总体（处理内）内平方和的期望值：

$$E\left(\sum_1^k SS_i\right) = k(n-1)\sigma_e^2$$

故：
$$\frac{E\left(\sum_1^k SS_i\right)}{k(n-1)} = E\left(S_e^2\right) = \sigma_e^2$$

即组内平方和除以 $k(n-1)$ 自由度得误差方差期望值。

（2）处理间（亚总体间）平方和及方差期望：

$$E(SS_t) = E\left[n\sum_1^k(\bar{x}_i - \bar{x})^2\right] = E\left[\frac{\sum_1^k T_i^2}{n} - \frac{T^2}{nk}\right]$$

$\because$
$$\frac{E\sum_1^k T_i^2}{n} = \sum_i^k(n\mu_i^2 + \sigma_i^2) = \sum_1^k n\mu_i^2 + k\sigma_e^2$$

又$\because$
$$E\left(\frac{T^2}{nk}\right) = E\left(\frac{T^2}{N}\right) = N\mu^2 + \sigma_e^2$$

$\therefore$
$$E\left[\frac{\sum_1^k T_i^2}{n} - \frac{T^2}{N}\right] = \sum_1^k n\mu_i^2 + k\sigma_e^2 - (N\mu^2 + \sigma_e^2)$$

$$= \sum_1^k(n\mu_i^2 - n\mu^2) + (k-1)\sigma_e^2$$

除以 $df = (k-1)$，得处理间方差：

$$\frac{E(SS_t)}{k-1} = \frac{\sum_1^k n\mu_i^2 - N\mu^2}{k-1} + \sigma_e^2 = S_t^2$$

以
$$V(\mu_i) = \frac{\left(\sum_1^k n\mu_i^2 - N\mu^2\right)}{(k-1)}$$

则：
$$F_0 = \frac{S_t^2}{S_e^2} = \frac{V(\mu_i) + \sigma_e^2}{\sigma_e^2}$$

若处理平均数的方差 $V(\mu_i) > 0$，则 $F_0 \neq 1$。

如组内观测个数（样本含量）相等，即 $n_i = n$，则

$$V(\mu_i) = \frac{\left(\sum_1^k n\mu_i^2 - \sum_1^k n\mu^2\right)}{(k-1)}$$

$$= \frac{n \sum_{1}^{k} (\mu_i - \mu)^2}{k - 1} = \frac{n \sum_{1}^{k} \tau_i^2}{k - 1}$$

$$\therefore \quad F_0 = \frac{S_t^2}{S_e^2} = \frac{V(\mu_i) + \sigma_e^2}{\sigma_e^2} = \frac{\dfrac{n \sum \tau_i^2}{k - 1} + \sigma_e^2}{\sigma_e^2}$$

从 F 检验的内容可知处理方差实质上是由两部分组成，除误差方差 σ_e^2 外，尚有 $n \sum_{1}^{k} \tau_i^2 / (k - 1)$（处理效应）的影响，处理效应部分相当大时，$F$ 值才能达到显著水准。

3. 方差期望值的类型

处理部分的方差可因为试验资料的模式不同而分为固定型、随机型或混合型等。

（1）固定效应模型（fixed effects model）：

处理方差 S_t^2 的内容为：

$$S_t^2 = \frac{n \sum_{i}^{k} \tau_i^2}{k - 1} + \sigma_e^2$$

式中，第一项为处理纯效应，其分子实质是处理的离均差平方和，前已述及，必须满足 $\sum_{i}^{k} \tau_i = 0$。那些 τ_i 的作用是在一定处理条件下产生的，如在不同的压力、温度下的反应。

此时 F 检验就是检验 H_0：$\tau_i = \mu_i - \mu = 0$，亦即检验：

$$H_0: \mu_1 = \mu_2 = \cdots = \mu_k = \mu$$
$$H_1: \tau_i > 0$$

因此是单边检验，当 $F_0 > F_{\alpha, n_1 - 1, n_2 - 1}$ 时，否定 H_0。

（2）随机效应模型（random effects model）：

此时处理方差的内容为：

$$S_t^2 = n \sigma_\tau^2 + \sigma_e^2$$

式中，σ_τ^2 即 $\sum \tau_i^2 / (k - 1)$，为正态分布总体方差，服从 $N(0, \sigma_\tau^2)$，那些 τ_i 是从平均数为 0 的总体中随机抽取的，此时 F 检验的统计假设为：

$$H_0: \sigma_\tau^2 = 0$$

$$H_1: \sigma_\tau^2 > 0$$

亦为单边检验，若 $F_0 > F_{\alpha, n-1, n-2}$ 时，否定 H_0。

固定模型与随机模型的区别，仅仅在于 F 检验的统计推理上，它与平方和的计算及分解无关。

4. 单因素完全随机设计的方差分析模型（组内观测数目相等）

可归纳如表 3.12。

表 3.12　单因素分析表（组内观测数目相等）

变因	df	SS	MS	F	期望方差 固定模型	期望方差 随机模型
处理间（组间）	$k-1$	$n\sum\limits_1^k(\bar{x}_i - \bar{x})^2$	S_t^2	S_t^2/S_e^2	$\sigma_e^2 + \dfrac{n\sum\tau_i^2}{k-1}$	$\sigma_e^2 + n\sigma_\tau^2$
误差（组内）	$k(n-1)$	$\sum\limits_1^k\sum\limits_1^n(\bar{x}_{ij} - \bar{x}_i)^2$	S_e^2		σ_e^2	σ_e^2
总变异	$nk-1$	$\sum\limits_1^{nk}(x_{ij} - \bar{x})^2$				

5. 单因素完全随机设计的方差分析（组内观测数目不相等）

若 k 个处理中的观测个数分别为 n_1，n_2，$\cdots$，n_k，这就是组内观测数目不相等的资料。这种资料的线性模型亦如式（3.9）所示，但由于处理内 n_i 不相等，故应满足加权平均 $\sum\limits_1^k n_i\tau_i = 0$，而非 $\sum\tau_i = 0$。作方差分析时，有关公式亦因 n 之不同而需略加改变。

（1）自由度的分解：

$$总自由度 = \sum_1^k n_i - 1$$

$$处理间自由度 = k - 1$$

$$误差自由度 = \sum_1^k(n_i - 1) = \sum_1^k n_i - k$$

（2）平方和的分解：

$$总平方和：SS_T = \sum (x_{ij} - \bar{x})^2 \tag{3.10}$$

$$处理平方和：SS_t = \sum_1^k n_i (\bar{x}_i - \bar{x})^2 \tag{3.11}$$

$$误差平方和：SS_e = \sum_1^k \sum_1^n (x_{ij} - \bar{x}_i)^2 = SS_T - SS_t$$

（3）作多重比较时，还要计算平均数标准误差：

$$S_{\bar{x}} = \sqrt{\frac{S_e^{\,2}}{2}\left(\frac{1}{n_A} + \frac{1}{n_B}\right)} \tag{3.12}$$

式中的 n_A 及 n_B 是两相比较的平均数的样本含量。

例3.3　某灯泡厂用四种不同配料方案制成的灯丝，生产了四批灯泡。在每批灯泡中随机抽取若干个灯泡测其使用寿命，结果如表 3.13 所示，希望知道这四种灯丝生产的灯泡其使用寿命有无显著差异。

表 3.13　随机抽样的四批灯泡使用寿命

灯丝	灯泡							
	1	2	3	4	5	6	7	8
甲	1 600	1 610	1 650	1 680	1 700	1 700	1 780	
乙	1 500	1 640	1 400	1 700	1 750			
丙	1 640	1 550	1 600	1 620	1 640	1 600	1 740	1 800
丁	1 510	1 520	1 530	1 570	1 640	1 680		

解：（1）建立假设：H_0：$u_1 = u_2 = u_3 = u_4 = u_5 = u$。

（2）用单个样本方差分析检验试验数据，结果如表 3.14 所示。

表 3.14　单因素方差分析结果表（灯泡寿命）

	总平方和	自由度 df	均方差	F	显著性 Sig.
组间	39 776.46	3	13 258.819	1.638	0.209
组内	178 088.9	22	8 094.951		
总计	217 865.4	25			

试验结果分析：

$F = 1.638$，显著值 $= 0.209 > 0.05$，即在置信水平 95% 下不能否定零假设，也就是说，四种灯丝生产的灯泡其平均使用寿命没有显著差异。

3.6 二因素试验的方差分析

在实际问题中影响一个量（观测值）发生变异的因素往往不止一个，哪些是主要的，哪些是次要的，因素与因素之间有无交互作用，都是试验中应关心的问题。在试验设计中，按两个因素分组，交叉组合试验所得的数据资料称为两因素分析。例如采用几种温度和几种渗碳率处理钢样以研究其硬度的变化，每得一观测值（硬度）都是温度与渗碳率组合作用的结果，故称为两因素分组资料。

1. 交互作用（interaction）

有些试验，不仅因素处理对试验结果指标有影响，而且因素之间还会相互作用，共同对指标产生影响，这个联合的作用叫作交互作用。现设肥料与密植两因素试验 a 和 b：

表 3.15　试验 a 相关数据

	A_1	A_2	$A_2 - A_1$
B_1	2 (A_1B_1)	5 (A_2B_1)	3
B_2	7 (A_1B_2)	10 (A_2B_2)	3
$B_2 - B_1$	5	5	8

假设上边一个试验 a，当 A 因素（肥料）从 A_1 变到 A_2 水平时，指标都增加 3（设为产量），与 B_1 及 B_2 无关；同样 B 因素（密植）从 B_1 变到 B_2 水平时，指标都增加 5，和 A 的水平无关。这样我们说 A 和 B 没有交互作用。

表 3.16　试验 b 相关数据

	A_1	A_2	$A_2 - A_1$
B_1	2	5	3
B_2	7	3	−4
$B_2 - B_1$	5	−2	+1

但试验 b 情况则大不一样，当 A_1 增至 A_2 时，在 B_1 的作用下增加 3，但在 B_2 的作用下反而减少（-4）。一方面因素 A 对指标的影响与 B 的作用水平有关；另一方面因素 B 对指标的影响与 A 的作用水平也有关系，这种关系我们称为 $A \times B$ 的交互作用。

交互作用也可用下述方法计算：

参看表 3.15，设 $A_1B_1 = 2$ 为原基本水平的处理效应，$A_2B_1 - A_1B_1 = A$ 因素（在 B 的同一水平上）增至 A_2 时单独作用的效应 $= 5 - 2 = 3$；$A_1B_2 - A_1B_1 = B$ 因素（在相同水平上）增至 B_2 时单独作用的效应 $= 7 - 2 = 5$；$A_2B_2 - A_1B_1 = AB$ 因素同时增至 A_2B_2 时对指标的影响 $= 10 - 2 = 8$。因此，交互作用等于 AB 效应减去 A 及 B 单独作用后余下的效应，即：

$$A \times B = (A_2B_2 - A_1B_1) - (A_2B_1 - A_1B_1) - (A_1B_2 - A_1B_1) = 8 - 3 - 5 = 0$$

试验 a 作等于 0，即无交互作用。

但在试验 b 的情况则不同：

$$(A_2B_2 - A_1B_1) - (A_2B_1 - A_1B_1) - (A_1B_2 - A_1B_1) = (3 - 2) - (5 - 2) - (7 - 2) = -7$$

试验 b 互作等于 -7。

因素间有无交互作用，也可通过画图表示：

对上述两个试验的图解如图 3.1a、b 所示，当没有交互作用时两线平行（如图 3.1a），有交互作用时两线交叉（如图 3.1b）。对于实际问题，由于有试验误差，即使无交互作用，两线也不可能完全平行，只是大体形状差异不大而已。

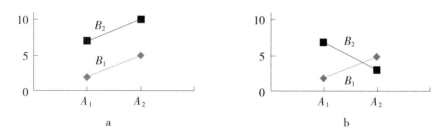

图 3.1 试验 a、b 图解

由于有试验误差的存在，有时从画图来判断有无交互作用有困难，可用方差分析来计算，它能检验交互作用所引起的数量变化，所以比直观图示更为精细。

2. 有重复的两因素的方差分析

现介绍有重复的两因素的方差分析，因有重复时可分出纯误差以进行显著性检验。

例3.4 某厂进行橡胶配方试验，考虑了三种不同的促进剂，四种不同的氧化锌。同样的配方重复试验两次，测得300%定强如表3.17。以 A 表示促进剂因素，B 表示氧化锌因素，注脚号表示不同的水平（用量）。

表 3.17 橡胶定强测定值表

促进剂	氧化锌			
	B_1	B_2	B_3	B_4
A_1	−6，−4	−3，−1	−2，−1	2，1
A_2	−4，−3	−1，0	0，2	1，4
A_3	−2，0	0，1	2，3	5，7

问：氧化锌及促进剂对橡胶定强有无显著影响？它们的交互作用是否显著？什么是主要因素？

两向分组（两因素有 n 次重复）资料的方差分析的总变异平方和可分解为 A 因素平方和、B 因素平方和、$A \times B$ 互作平方和及误差平方和四个部分：

总：
$$SS_T = \sum_1^{abn}(x_{ijk} - \bar{X})^2$$

因素 A：
$$SS_A = bn\sum_1^a(\bar{X}_{A_i} - \bar{X})^2$$

因素 B：
$$SS_B = an\sum_1^b(\bar{X}_{B_j} - \bar{X})^2$$

互作 AB：
$$SS_{AB} = \sum_1^{ab}(\bar{X}_{A_iB_j} - \bar{X}_{A_i} - \bar{X}_{B_j} + \bar{X})^2$$

误差：
$$SS_e = n\sum_1^{ab}(X_{ijk} - \bar{X}_{A_iB_j})^2$$

选用两因素主效应和交互效应方差分析，结果如表3.18所示。

表 3.18 两因素重复试验方差分析结果

Tests of Between-Subjects Effects

Dependent Variable：橡胶定强

Source	Type Ⅲ Sum of Squares	df	Mean Square	F	Sig.	Partial Eta Squared
Corrected Model	193.458[a]	11	17.587	12.060	0.000	0.917
Intercept	32 930.042	1	32 930.042	22 580.60	0.000	0.999
促进剂 A	56.583	2	28.292	19.400	0.000	0.764

（续上表）

Source	TypeⅢSum of Squares	df	Mean Square	F	Sig.	Partial Eta Squared
氧化锌 B	132. 125	3	44. 042	30. 200	0. 000	0. 883
促进剂 A ＊氧化锌 B	4. 750	6	0. 792	0. 543	0. 767	0. 213
Error	17. 500	12	1. 458			
Total	33 141. 000	24				
Corrected Total	210. 958	23				

a. R Squared $= 0. 917$（Adjusted R Squared $= 0. 841$）。

试验结果分析：

（1）表 3.18 第一列为偏差来源，各项分别是：校正模型的偏差平方和（corrected model），该值为两个主效应和一个交互效应偏差平方和之和；截距（intercept）的偏差平方和；主效应促进剂 A 的偏差平方和，表示由于 A 的不同造成橡胶定强的差异，属组间偏差平方和；主效应氧化锌 B 的偏差平方和，与 A 类似；交互效应偏差平方和；误差（error）；校正的总偏差平方和（corrected total）。第七列表示各因素对结果的影响程度，数值越大表示该因素对结果的影响越重要。

（2）本例促进剂 A 的 $F = 19. 400$，$P = 0. 000 < 0. 001$，对橡胶定强影响显著；氧化锌 B 的 $F = 30. 200$，$P = 0. 000 < 0. 001$，对橡胶定强的影响显著；两者相比以氧化锌的作用更为重要。A、B 交互作用的 $F = 0. 543$，$P = 0. 767$，没达到 0.05 的水平，对橡胶定强影响不显著。由于交互作用对结果影响不显著，因此将其合并入误差项中，再进行方差分析得到表 3.19，由于误差项少了，表 3.19 中两主效应的 F 值都相应增大，精度提高。

表 3. 19　合并误差项方差分析结果

Tests of Between-Subjects Effects

Dependent Variable：橡胶定强

Source	TypeⅢSum of Squares	df	Mean Square	F	Sig.	Partial Eta Squared
Corrected Model	188. 708[a]	5	37. 742	30. 533	0. 000	0. 895
Intercept	32 930. 042	1	32 930. 042	26 640. 03	0. 000	0. 999
促进剂 A	56. 583	2	28. 292	22. 888	0. 000	0. 718

（续上表）

Source	TypeⅢ Sum of Squares	df	Mean Square	F	Sig.	Partial Eta Squared
氧化锌 B	132. 125	3	44. 042	35. 629	0. 000	0. 856
Error	22. 250	18	1. 236			
Total	33 141. 000	24				
Corrected Total	210. 958	23				

a. R Squared = 0. 895 （Adjusted R Squared = 0. 865）。

如要进一步比较四种氧化锌和三种促进剂平均数的差异显著性，可参看上述多重平均数的比较法。

例 3.5 设 A、B、C 三台机器生产同一产品，4 名工人操作机器各一天，得日产量数据如表 3.20，问机器间、工人之间在日产量上是否有显著差异（$\alpha = 0.05$）？

表 3.20 日产量数据

机器	工人			
	1	2	3	4
A	50	47	47	53
B	63	54	57	58
C	52	42	41	48

解：应用上例公式得方差分析表：

表 3.21 两因素重复试验方差分析结果

Tests of Between-Subjects Effects

Dependent Variable：日产量

Source	TypeⅢ Sum of Squares	df	Mean Square	F	Sig.	Partial Eta Squared
Corrected Model	433. 167[a]	5	86. 633	15. 831	0. 002	0. 930
Intercept	31 212. 000	1	31 212. 000	5 703. 716	0. 000	0. 999
机器	318. 500	2	159. 250	29. 102	0. 001	0. 907

（续上表）

Source	Type Ⅲ Sum of Squares	df	Mean Square	F	Sig.	Partial Eta Squared
工人	114.667	3	38.222	6.985	0.022	0.777
Error	32.833	6	5.472			
Total	31 678.000	12				
Corrected Total	466.000	11				

a. R Squared $= 0.930$ （Adjusted R Squared $= 0.871$）。

试验结果分析：

机器对日产量的影响 $F = 29.102$，$P = 0.001 < 0.05$，对结果有显著影响；工人对日产量的影响 $F = 6.985$，$P = 0.022 < 0.05$，对结果有显著影响。

3.7 贡献率

方差分析一般至上述步骤已可结束。但如希望更直观地采用一般人所了解的百分率来表示试验因素的主、次（或强、弱），可计算其贡献率。所谓贡献率，是根据 3.5 及 3.6 节所述的期望方差组分分析的原理求出除去误差方差影响的纯效应平方和，然后以纯效应平方和与总平方和相比求其百分率。

以上节的例 3.4 橡胶配方试验方差分析为例，以说明其计算方法。这个试验的总平方和（也就是总的波动情况）$SS_T = 211$，A 因素各水平间的波动也就是 $SS_A = 56.6$，B 因素的波动情况 $SS_B = 132.1$，误差 $SS_e = 22.3$。从方差组分的分析中知 SS_A 中包含 $(a-1)$ 个误差自由度的 σ_e^2，将相应的 df 乘其 σ^2，即得该因素的误差平方和的组分。

故：A 纯效应平方和 $= SS_A{}' = SS_A - (a-1)\sigma_e^2$；

B 纯效应平方和 $= SS_B{}' = SS_B - (b-1)\sigma_e^2$；

误差纯效应平方和 $= SS_e{}' = SS_e + (a-1)\sigma_e^2 + (b-1)\sigma_e^2$。

将数值代入 $SS_A{}' = 56.6 - 2 \times 1.24 = 54.12$

$SS_B{}' = 132.1 - 3 \times 1.24 = 128.38$

$SS_e{}' = 22.3 + 2.48 + 3.72 = 28.50$

它们的总和为：$54.12 + 128.38 + 28.50 = 211$。

取各因素纯效应平方和的百分率即为纯效应各因素的贡献率，见表 3.22 末列所示。

表3.22　各因素的纯效应和贡献率

变因	SS	df	MS	F	纯效应 SS	贡献率/%
A	56.6	2	28.3	22.8**	54.12	25.6
B	132.1	3	44.0	35.4**	128.38	60.9
误差	22.3	18	1.24		28.50	13.5
总波动	211	23				

这叫作贡献率的分解。由此可知，在试验数据的总波动（变异）量211中，因素A占25.6%，因素B占60.9%，误差占13.5%。可见波动大部分出自B因素，即氧化锌对橡胶的定强影响最大，其中以氧化锌的第四水平最甚。

3.8　随机区组设计的方差分析

随机区组设计（randomized complete blocks design）是在差异较大的试验条件下设置相对均匀的若干区组，区组内的各处理是在相当一致或均匀的环境条件下进行的，而区组间则容许有差异。区组数是根据重复次数的要求来设置的，在不同的区组内，各处理都要重新随机排列。各区组的位置的排列也是随机的。这叫作随机区组设计。可参考本章两因素资料符号表进行方差分析。

设置随机区组是一种局部控制误差的方法，它实际上是设置重复的另一面。一方面，这种误差可以用方差分析法区别开来，从而降低误差。另一方面，也可以扩大试验范围，而不用担心扩大带来的误差增大。

区组试验的理论分析：

设试验有 t 个处理（试验因素），r 个区组（重复），则其自由度与平方和可分解如下：

$$rt - 1 = (r - 1) + (t - 1) + (r - 1)(t - 1)$$
$$总\ df = 区组\ df + 处理\ df + 误差\ df$$

区组试验的平方和及自由度分解见表3.23：

表 3.23　具有 t 种处理，r 个区组的方差分析公式表

变因	df	平方和
		定义公式/计算公式
区组	$r-1$	$t\sum(\bar{x}_{i.}-\bar{x}_{..})^2$
处理	$t-1$	$r\sum(\bar{x}_{.j}-\bar{x}_{..})^2$
误差	$(r-1)(t-1)$	$\sum(\bar{x}_{ij}-\bar{x}_{.j}-\bar{x}_{i.}-\bar{x}_{..})^2=SS_T-SS_r-SS_t$
总计	$rt-1$	$\sum(\bar{x}_{ij}-\bar{x}_{..})^2$

例 3.6　以例 3.1 育秧盘承压试验资料为例，增加个区组约束条件作随机区组设计分析。由于原材料来自不同地方，性能有较大差异，故将原材料有目的地分成四批（即区组），每批分别随机作四种胶固剂的压型处理，测得其承压指数整理如表 3.24。

本例处理数 $t=4$，$r=4$，总计 $\sum x_{ij}=T_{..}=99.5$，校正项 $C=T_{..}^2/rt=99.5^2/16=618.77$。

表 3.24　四种胶固剂处理的育秧盘承压试验计算表

处理	区组				区组总计
	A	B	C	D	
Ⅰ	4.0	3.6	6.0	8.0	21.6
Ⅱ	4.0	3.4	10.0	10.0	27.4
Ⅲ	2.5	5.0	4.0	7.0	18.5
Ⅳ	7.0	6.0	9.0	10.0	32.0
处理总计	17.5	18.0	29.0	35.0	99.5
平均	4.375	4.5	7.25	8.75	6.22

（1）计算总平方和：

$$SS_T=\sum(x_{ij}-\bar{x})^2=718.77-618.77=100$$

（2）区组平方和：

$$SS_r=t\sum_{i=1}^{n}(\bar{x}_{i.}-\bar{x}_{..})^2=27.1225$$

（3）处理平方和：

$$SS_t = r \sum_{j=1}^{t} (\bar{x}_{.j} - \bar{x}_{..})^2 = 55.2925$$

（4）误差平方和：

$$SS_e = SS_T - SS_r - SS_t = 100 - 27.1225 - 55.2925 = 17.585$$

将各项计算列成方差分析表 3.25。

表 3.25 育秧盘承压试验方差分析表

变因	SS	df	MS	F
区组	27.1225	3	9.0408	4.627
处理	55.2925	3	18.4308	9.43**
误差	17.5850	9	1.9539	
总计	100	15		

从以上方差分析表可看到，$F = MS_t/MS_e = 9.43 > F_{0.05(3,9)} = 3.86$ 及 $F_{0.01(3,9)} = 6.99$，可知处理间差异非常显著，已超过 $\alpha = 0.01$ 的显著水准。该试验资料数据来源与例 3.1 同，但增加了划分区组的变因，其结论则大不相同。

用 SPSS 计算，结果如下：

表 3.26 SPSS 计算结果

Tests of Between-Subjects Effects

Dependent Variable：承压力

Source	Type III Sum of Squares	df	Mean Square	F	Sig.
Corrected Model	82.424ᵃ	6	13.737	7.032	0.005
Intercept	618.766	1	618.766	316.763	0.000
区组	27.127	3	9.042	4.629	0.032
胶固剂	55.297	3	18.432	9.436	0.004
Error	17.581	9	1.953		

（续上表）

Source	TypeⅢ Sum of Squares	df	Mean Square	F	Sig.
Total	718.770	16			
Corrected Total	100.004	15			

a. R Squared $=0.824$（Adjusted R Squared $=0.707$）。

区组对承压力的影响 $F=4.629$，$P=0.032<0.05$，区组划分对结果具有显著影响；胶固剂对承压力的影响 $F=9.436$，$P=0.004<0.05$，胶固剂对结果具有显著影响。

从随机区组设计的分析看，可知上题中大量变异来自区组间的方差，当把区组间的变异析出后，误差方差就大为降低，只有 1.953 9（原来作完全随机设计分析时误差方差为 6.07）。试验精度提高后，处理间的差异就显示出来了。这个例子说明，如果试验者事前没有考虑到区组间（原材料批量间）的变异，而将资料作单向分组的完全随机设计，方差分析的结果就不能找出处理间确有显著的差异存在，这是由于区组间的差异与误差的变异混在一起，使得误差方差变大了，和处理间的方差相比，F 就不显著。

划分区组的原则：

区组的划分，在某些试验中可视作不同的田块土壤的差异，或不同的仪器设备间的差异，或不同的人的操作、观测的差异等。但有一点必须注意的就是要在估计到处理与区组间没有显著的交互作用存在时设置区组。

区组效应的意义：

如果区组与误差比较时，F 值显著的话，那就可能显示：①试验的精度确实由于采用了随机区组设计而有所提高；②试验的范围确已被扩大，因各种处理已在较广泛的范围内做了重复试验（特别是田间试验）；③若区组效应过大，也可能由于误差的同质性，或齐性有问题，应作进一步的误差同质性的检验。

3.9 随机区组的线性模型及期望方差

随机区组设计中的每一观测值的线性模型为：

$$X_{ij}=\mu+\tau_i+\beta_j+\varepsilon_{ij} \tag{3.13}$$

上式各符号的意义如前述。μ 为总体平均；τ_i 为处理纯效应；β_j 为区组纯效应。

处理效应 $\tau_i = \bar{x}_{i.} - \bar{x}$，$\sum \tau_i = 0$；区组效应 $\beta_j = \bar{x}_{.j} - \bar{x}_{..}$，$\sum \beta = 0$；总体平均 $\bar{x}_{..} = \mu$。这都是在误差最小的条件下的估计（最小二乘法），因而式（3.13）的样本估计值变为：

$$x_{ij} = \bar{x}_{..} + (\bar{x}_{i.} - \bar{x}_{..}) + (\bar{x}_{.j} - \bar{x}_{..}) + e_{ij}$$

式（3.13）的末项 ε_{ij} 的估计值为：

$$e_{ij} = x_{ij} - (\mu + \tau_i + \beta_j) = (\bar{x}_{ij} - \bar{x}_{i.} - \bar{x}_{.j} + \bar{x}_{..})$$

故随机区组的误差平方和为：

$$\sum e_{ij}^2 = \sum (\bar{x}_{ij} - \bar{x}_{i.} - \bar{x}_{.j} + \bar{x}_{..})^2$$

上式为随机区组的误差平方和的直接计算式，可从每一观测值直接计算其误差，但手续过繁，一般只采用间接法（因平方和具有可加性）。

随机区组方差分析的期望方差：

方差分析一般可分为三种模型，即固定模型、随机模型和混合模型，它们的数学期望均方（EMS）见表3.27。

表3.27 随机区组方差分析的期望方差

变因	df	固定模型	随机模型	混合模型
区组	$r-1$		$\sigma^2 + t\sigma_\beta^2$	$\sigma^2 + t\sigma_\beta^2$
处理	$t-1$	$\sigma^2 + r\sum\tau_i^2/(t-1)$	$\sigma^2 + r\sigma_\tau^2$	$\sigma^2 + r\sum\sigma_\beta^2/(t-1)$
误差	$(r-1)(t-1)$	σ^2	σ^2	σ^2

从表3.27可知进行显著性检验时应采用何种"合适的"方差比 F 值。各种模型的选择如下：

（1）固定模型：①如果处理与区组间没有交互作用，而且处理较少，它们并非从所有总体中随机抽取的处理（如硬度、温度、压力、仪器及机构的不同处理），则处理与区组均可视作固定模型。其统计推断的结果仅局限于本试验范围内的具体条件。处理与区组的方差可和误差方差比较而得合适的 F 值。②如果处理与区组（或另一因素）存在交互作用，则可按两向分组（有重复）进行试验设计与分析。

（2）混合模型：如鉴别处理、机耕试验、温度及压力等的处理，往往假定它们的效应是固定的，而机组效应则是随机的，因参试的耕作农机具、行走机构或品种型号等，不仅适用于该试验区组，而且还可推广至其他地区（扩大范围）。这样的随机区组则属于混合型。此时必须注意所用地区区组的广泛代表性，如土壤、气候、耕作制度等方面，这样所得的试验结果才有推广意义。

（3）随机模型：如试验因素的稳定度，或植物的杂交度的比较试验，可看作随机模型。

至于计算方法，则各种模型没有什么差别，主要看有无交互作用的存在。作 F 检验时要注意用合适的方差比。现举一实例说明其在农机试验中的应用。

例 3.7　在北方系列悬挂深耕三铧犁的研制中，为了降低耕作阻力，对陕西耕作犁、第一轮系列设计样机和新设计的 BTS-301 样机的犁体进行耕作阻力比较试验。

1. 试验设计的考虑

（1）试验测定的指标：比阻（kg/cm^2）。

（2）试验处理：把三种犁体作为三种互不相同的处理，三种处理用标号表示如下：1——陕西深耕犁体；2——第一轮系列设计深耕犁体；3——新设计 BTS-301 深耕犁体。

（3）试验条件：试验在牧草地上进行。土壤含水率在 15%～20%，地段长 250m，宽 100m。

试验在 5 月 29 日及 30 日分两天进行。5 月 29 日试验地段 20cm 以下土壤坚实度比阻为 $8kg/cm^2$；20～40cm 为 $14kg/cm^2$。5 月 30 日试验地段 20cm 以下土壤坚实度比阻为 $15kg/cm^2$；20～40cm 为 $20kg/cm^2$。

测定耕作阻力时，两天分别用两台 DL 电测拉力仪进行，耕深控制在 35cm。

试验配套动力为东方红-75 拖拉机，作业速度控制在 1.3m/s 左右。

（4）设置区组：本试验重复四次。为了控制土壤坚实度的差异以免影响试验结果的准确性，在试验地内设置四个区组。每区组内分三个试验小区，安排上述三种处理，采用随机区组试验设计。

由于试验分两天进行，又在两天里分用两台 DL 电测拉力仪，就需要考虑日期与仪器区组。因此，在设置土壤区组外还设置综合区组，使日期、仪器区组的差异与土壤区组结合起来。这样在综合区组内的试验日期和使用仪器是一致的。不同日期和仪器的差别可以由于划分区组而和处理的变异区别开。试验田间排列见图 3.2。

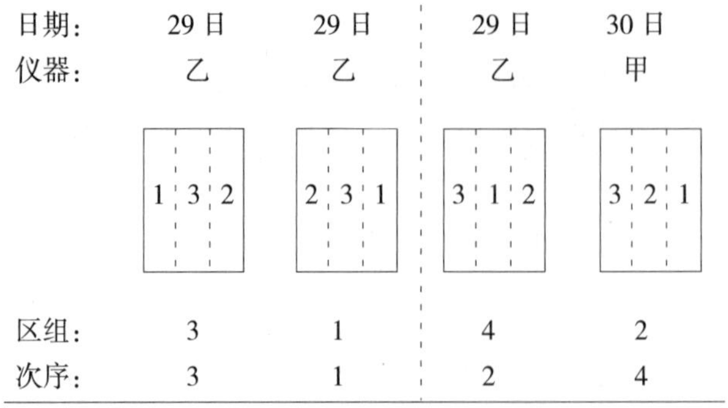
日期： 29日 29日 29日 30日
仪器： 乙 乙 乙 甲
1 3 2
2 3 1
3 1 2
3 2 1
区组： 3 1 4 2
次序： 3 1 2 4

图 3.2 深耕犁比较试验田间排列图

（5）随机化措施：各区组在田间排列位置、试验日期与使用仪器台别方面，都应随机安排。在区组内，各处理安排到各试验小区也应随机化。

（6）田间试验的安排：因在一天内做不完四个区组的试验，又不能把同一区组的试验分成两天去做，只能在5月29日做三个区组，5月30日做一个区组。在田间试验安排时，还要考虑犁耕时行走路线（均采用内翻法）。实际试验地段长为200m，宽为100m。

2. 试验结果与统计分析

试验结果整理如表3.28。

（1）方差分析：$t=3$；$r=4$；$T_{..}=9.2$；$C=\dfrac{9.2^2}{12}=7.0533$

总平方和：$SS_T=\sum x_{ij}^2-C=7.0802-7.0533=0.0269$

区组平方和：$SS_r=\dfrac{\sum T_{i.}^{\ 2}}{t}-C=21.1866\div 3-7.0533=0.0089$

表 3.28 深耕犁比阻试验结果

单位：kg/cm²

区组	处理1	处理2	处理3	合计
1	0.74	0.79	0.68	2.21
2	0.80	0.85	0.78	2.43
3	0.78	0.82	0.70	2.30
4	0.76	0.78	0.72	2.26
合计	3.08	3.24	2.88	9.20
平均	0.77	0.81	0.72	

处理平方和：$SS_t = \dfrac{\sum T_{\cdot j}^2}{r} - C = 28.2784 \div 4 - 7.0533 = 0.0163$

误差平方和：$SS_e = SS_T - SS_r - SS_t = 0.0269 - 0.0089 - 0.0163 = 0.0017$

（2）列成方差分析表：

表 3.29 方差分析表

变因	SS	df	MS	F
区组	0.0089	3	0.00297	10.459 **
处理	0.0163	2	0.00815	28.799 **
误差	0.0017	6	0.000283	
总计	0.0269	11		

查 F 表，得 $F_{0.05(2,6)} = 5.14$，$F_{0.01(2,6)} = 10.92$。

从方差分析结果可知，处理间（不同型号犁体）与区组间（不同田块及日期、仪器）的差异均甚显著，大于 $\alpha = 0.01$ 的水准。通过方差分析可以肯定 3——新设计 BTS – 301 深耕犁体比阻最小（相对其他两种犁体来说），并非出于偶然。

用 SPSS 计算，结果如下：

表 3.30 SPSS 计算结果

Tests of Between-Subjects Effects

Dependent Variable：比阻

Source	Type III Sum of Squares	df	Mean Square	F	$Sig.$
Corrected Model	2.513E – 02[a]	5	5.027E – 03	17.400	0.002
Intercept	7.053	1	7.053	24 415.38	0.000
区组	8.867E – 03	3	2.956E – 03	10.231	0.009
深耕犁	1.627E – 02	2	8.133E – 03	28.154	0.001
Error	1.733E – 03	6	2.889E – 04		
Total	7.080	12			
Corrected Total	2.687E – 02	11			

a. R Squared $= 0.935$（Adjusted R Squared $= 0.882$）。

3.10 二因素随机区组试验设计的方差分析

设有 A、B 二因素，A 因素具 a 水平，B 因素具 b 水平，则共有 ab 个处理组合，将这 ab 个处理组成一个随机区组，重复 r 次，为 r 个区组，即成二因素随机区组设计，共有 abr 个观测值（观测指标）。实际也是两向分组有区组重复的设计。

二因素随机区组的线性模型，由于有两个因素时，处理效应 τ_i 可进一步分解为 A 的主效应 $\alpha_k (k = 1, 2, \cdots, a)$ 和 B 的主效应 $\beta_l (l = 1, 2, \cdots, b)$ 以及因素 A 和 B 互作（记作 $A \times B$）的效应 $(\alpha\beta)_{kl}$，故其线性数学模型可从式（3.13）扩展为：

$$X_{jkl} = \mu + \rho_j + \alpha_k + \beta_l + (\alpha\beta)_{kl} + \varepsilon_{jkl} \qquad (3.13A)$$

式中，μ 为总体平均，ρ_j 为区组效应，α_k 为因素 A 主效应，β_l 为因素 B 主效应，$(\alpha\beta)_{kl}$ 为 $A \times B$ 互作效应。

当由样本估计时，上式变为（3.13B）。

$$x_{jkl} = \bar{x} + \hat{\rho}_j + \hat{\alpha}_k + \hat{\beta}_l + (\hat{\alpha\beta})_{kl} + e_{jkl} \qquad (j = 1, 2, \cdots, r) \qquad (3.13B)$$

式中，$\hat{\rho}_j = (\bar{x}_r - \bar{x})$，$\hat{\alpha}_k = (\bar{x}_A - \bar{x})$，$\hat{\beta}_l = (\bar{x}_B - \bar{x})$，$(\hat{\alpha\beta})_{kl} = \bar{x}_{AB} - \bar{x}_A - \bar{x}_B - \bar{x}$，$e_{jkl} = x_{jkl} - \bar{x}_r - \bar{x}_{AB} + \bar{x}$，同样满足：

$$\sum_1^r \rho_i = \sum_1^a \hat{\alpha}_k = \sum_1^b \hat{\beta}_l = \sum_{k=1}^b (\alpha\beta)_{kl} = \sum_{l=1}^b (\alpha\beta)_{kl} = 0$$

因此，二因素随机区组试验结果的总变异平方和 SS_T 可分解为区组间平方和 SS_R、处理平方和 SS_t、误差平方和 SS_e 三个部分，其中 SS_t 又可再分解为 A 因素水平间 SS_A、B 因素水平间 SS_B 及 $A \times B$ 互作 SS_{AB} 三个部分（这里和 3.6 节两向分组方差分析不同之处仅在于多了区组效应 ρ_j 这个因素）。

$$SS_T = \sum_1^{abr} (X_{jkl} - \bar{X})^2$$

$$SS_R = ab \sum_1^r (\bar{X}_r - \bar{X})^2$$

$$SS_t = r \sum_1^{ab} (\bar{X}_{AB} - \bar{X})^2 \qquad (3.13C)$$

$$\begin{cases} SS_A = br \sum_1^a (\bar{X}_{A.} - \bar{X})^2 \\[2mm] SS_B = ar \sum_1^b (\bar{X}_{B.} - \bar{X})^2 \\[2mm] SS_{AB} = r \sum_1^{ab} (\bar{X}_{AB} - \bar{X}_{A.} - \bar{X}_{B.} + \bar{X})^2 = SS_t - SS_A - SS_B \\[2mm] SS_e = \sum_1^{abr} (X_{jkl} - \bar{X}_{r.} - \bar{X}_{AB.} + \bar{X})^2 = SS_T - SS_R - SS_t \end{cases}$$

式中，SS_R，SS_A，SS_B 分别为各区组，因素 A 各水平，因素 B 各水平的总和数；SS_{AB} 为 A 和 B 各水平组合（即处理）不同区组（重复）的总和数。式（3.13.3）的相应自由度为：

$$df_T = abr - 1, \quad df_R = r - 1$$
$$df_t = ab - 1, \quad 包括：$$
$$df_A = a - 1, \quad df_B = b - 1$$
$$df_{AB} = (a-1)(b-1)$$
$$df_e = (ab-1)(r-1)$$

表 3.31 的期望均方差是正确进行 F 检验的依据，需要特别注意。如 3.9 节所述的理由一样，必须选择合适的方差比 F 值。由于 F 检验有效性的保证条件之一是分子的均方差 EMS 仅比分母的 EMS 多一个分量，故当 A 和 B 皆为固定型时，检验 $H_0: \alpha_k = 0$，$H_0: \beta_i = 0$ 和 $H_0: (\alpha\beta)_{kl} = 0$，都应以 MS_e 为被比量（作分母）；当 A 和 B 皆为随机型时，检验 $H_0: \sigma_{AB}^2 = 0$ 应以 MS_e 为被比量。但若 $H_0: \beta_i = 0$ 被接受，则随机模型和混合模型的 F 检验均可用 MS_{AB} 作为被比量，和固定模型一样。这可从上表的 EMS 中划去 σ_{AB}^2 的分量后看出。

例 3.8　以例 3.4 橡胶配方试验数据资料为依据，设改为二因素随机区组设计试验，将处理内两次完全随机重复测得的试验指标视作两次重复区组的划分，将其分别求区组平方和：

$$SS_r = \frac{(x_{ijr})^2}{ab} - C = \frac{\sum T_r^2}{ab} - C = \frac{(-8)^2 + 9^2}{12} - C = \frac{145}{12} - 0 = 12.1$$

由这样的方差分析可以看出区组间的变异，如表 3.31 所示。

表 3.31　二因素随机区组设计试验方差分析

变因	df	SS	MS	F
区组间	$r-1=1$	12.1	12.1	
处理	$ab-1=11$	193.5		
A	$a-1=2$	56.6	28.3	
B	$b-1=3$	132.2	44.1	
$A\times B$	$(a-1)(b-1)=6$	4.7	0.8	
误差	$(ab-1)(r-1)=11$	5.4	0.49	
总计	$abr-1=23$	211.0		

由上述分析可知除去区组的变异平方和（12.1）以后，试验误差 MS_e 由原来的 1.46 降至 0.49，降低了 66%。

还有一点要注意的是，当进一步作多重平均数比较时，应采用合适的误差方差以计算平均数标准误差 $S_{\bar{x}}$。如设计为固定模型时，误差方差应采用方差比的分母 MS_e；如设计为随机模型时，互作平均数的比较应采用 MS_e 作 $S_{\bar{x}}$ 的估计；如作主效应 A（或 B）平均数的比较时，应以 MS_{AB} 计算平均数标准误差 $S_{\bar{x}}$。（参看表3.31）

例3.9 为研究刀片安装角与刀盘倾角对切割力和切割质量的影响，分别在甘蔗上段自由和上段被夹持两种情况下进行双因素试验。刀片安装角与刀盘倾角水平的选取如表3.32。试分析刀片安装角与刀盘倾角水平对切割力和切割质量的影响。

表 3.32　刀片安装角与刀盘倾角因素水平

刀片安装角 $\theta/°$	0	18	34	42	60
刀盘倾角 $\psi/°$	0	5	15		

每个试验重复进行两次，试验结果如表3.33。

表 3.33　刀片安装角与刀盘倾角双因素试验结果

ψ	甘蔗上段自由 θ					甘蔗上段被夹持 θ				
	0°	18°	34°	42°	60°	0°	18°	34°	42°	60°
0°	399.5	375.0	322.4	330.7	321.5	412.4	403.3	365.2	360.2	345.1
	393.1	360.5	333.1	353.5	327.1	405.3	385.3	355.5	364.9	318.4

（续上表）

ψ	甘蔗上段自由					甘蔗上段被夹持				
	θ					θ				
	0°	18°	34°	42°	60°	0°	18°	34°	42°	60°
5°	408.2	398.2	403.5	374.7	370.3	411.3	381.2	379.0	385.2	362.4
	400	383.6	359.6	387.5	380.5	410.3	421.9	391.0	385.9	372.0
15°	372.8	342.8	258.4	321.8	333.7	316.4	274.2	260.3	287.4	321.2
	322.0	306.1	325.8	308.6	314.3	334.3	277.2	243.6	314.8	312.5

解：进行双因素方差分析如下：

表 3.34　甘蔗上段自由时双因素方差分析结果

变异源	SS	df	MS	F	Sig.
θ	8 960.486	4	2 240.122	5.412**	0.007
ψ	21 804.271	2	10 902.136	26.341**	0.000
$\theta \cdot \psi$	2 541.688	8	317.711	0.768	0.636
误差	6 208.195	15	413.880		
总计	39 514.639	29			

表 3.35　甘蔗上段被夹持时双因素方差分析结果

变异源	SS	df	MS	F	Sig.
θ	8 843.310	4	2 210.828	14.633**	0.000
ψ	51 685.622	2	25 842.811	171.046 8**	0.000
$\theta \cdot \psi$	8 128.561	8	1 016.070	6.725**	0.001
误差	2 266.300	15	151.087		
总计	70 923.794	29			

对甘蔗上段自由情况下的试验数据进行双因素方差分析可得，控制变量为刀片安装角 θ 和刀盘倾角 ψ。在甘蔗上段自由情况下，刀盘倾角、刀片安装角对切割力都有显著影响，刀盘倾角影响更显著。而刀盘倾角和刀片安装角的交互作用的影响不显著。

同样，对甘蔗上段被夹持情况下的试验结果进行方差分析，分析结果如表 3.35 所示。由表 3.35 可以看出，在甘蔗上段被夹持的情况下，刀盘倾角、刀片安装角及其交互作用的影响都非常显著。

3.11　方差分析的基本假设

方差分析理论是建立在一定的线性模型的基础上的，具有下述三个基本假设。

（1）各种效应的"可加性"（additivity）。如将观测值对总体平均数取离差，则有：

$$x_{ij} - \mu = \tau_i + \beta_j + \varepsilon_{ij}$$

上式两边取平方和得：$\sum (x_{ij} - \mu)^2 = \sum \tau_i^2 + \sum \beta_j^2 + \sum \varepsilon_{ij}^2$

因各项变因均各自独立，右边各项乘积和，即 $\sum \tau\beta$，$\sum \tau\varepsilon$，$\sum \beta\varepsilon$ 皆等于 0。因此，左边平方和等于右边三项平方和的总计。这一可加性即方差分析的主要特性。

另有一种资料为倍加性资料，如表 3.36 数字资料：

表 3.36　可加性模型与倍加性模型比较

处理	可加性		倍加性		对倍加性取 lg10	
	1	2	1	2	1	2
A	10	20	10	20	1.00	1.30
B	30	40	30	60	1.48	1.78

如不考虑误差，则在可加性模型中，对于处理 A 或 B，从组 1 至组 2 都是增加 10 个单位。但在倍加性模型中，从组 1 变至组 2，对于处理 A 是增加 10，但处理 B 却增加 30，这就是倍加性资料。如果将倍加性资料转换为对数尺度，则可化为可加性模型。因此，对于非可加性资料，一般需作对数转换，使其效应化为可加性，才能符合方差分析的线性模型。

（2）试验误差应是随机的，彼此独立的，而且要满足 $N(0, \sigma^2)$，因此，在田间试验或其他分组试验中，观测数据要用随机方法取得。处理安排在每区组中都用独立的随机方法。这些措施都是为了保证各误差发生的独立性与随机性。

如果试验误差 ε_{ij} 不是常态分布，表现为误差与处理平均数有某种相关时，可将观测值作"反正弦"转换，或用对数转换，或平方根转换，从而使误差 ε_{ij} 接近常态分布。这种方法容后再谈。

（3）所用处理必须具有共同的误差变量（方差），即误差的同质性（homogeneity）假设，如发现各处理内方差相差悬殊（$\sigma_i^2 \neq \sigma^2$），一般可用 Bartlett 氏法测验其是否同质。如属不同质（或非齐质性），可将特大的方差，或变异特殊的处理从全试验中剔除，或将试验分成几个部分，使每一部分具有比较同质的误差，以便作出较准确的检验。

第4章　正交试验设计及其方差分析

前几章中介绍的试验设计，叫作全面试验设计，把每个因素的水平及一切可能的组合都全部做一遍或重复几遍。这种方法的优点是能够比较清楚地揭示事物内部的规律。但全面试验，当因素较多时，试验次数（组合）就太多了，实际上很难做到。例如，两个因素各具三个水平的试验（简称 3^2 试验），有 $3^2 = 9$ 个处理组合；三个因素各具三个水平的试验，有 $3^3 = 27$ 个处理组合，如果再重复两次，则要做 54 次（小区）。处理组合太多，区组太大，区组内的差异（如机器间差异或土壤差异等）就无法控制，实际上难以实施。因此，如何做到以较少的试验次数获得较可靠的试验结果，这是试验设计的一个亟待解决的效率问题。正交试验设计是解决这个问题的方法之一。例如，四个因素各具三个水平的试验，采用全面试验设计要做 81 次，如使用正交试验设计只需做 9 次，对于因素更多及水平更多的情况，节省的数量则更为惊人，例如 6 因素，每因素各具 5 水平，全面试验要做 $5^6 = 15\,625$ 次，用正交试验只需 25 次。因此，当因素较多时用正交试验较稳妥，它既能减少试验次数，又能达到因素间的均衡比较，同时还可以给出部分试验误差的估计。

4.1　正交试验设计及正交表概述

所谓正交试验设计，就是用一套规格化的表格来安排试验。这种表叫作正交表（或正交阵列表，orthogonal matrix），它是一个行列的矩阵。正交表的来由及数理结构较复杂，但它的意义可以从正交拉丁方的构成去理解。

1. 正交表的构成

现举一例子以说明正交表的构成：

例 4.1　生产某染料，用四种主要原料，A. 硫黄，B. 硫化碱，C. 烧碱，D. 二硝基，每种原料均取三个水平，这叫作 4 因素各具 3 水平的试验，要找出一个最好的配方，使质量又好，成本又低。

这个试验如全面实施，有 81 个处理组合。现在研究如何用最少的处理数目而又得到均衡的比较来进行这一试验。

先考虑 A、B 两个因素，其全部组合共 9 个处理：

表 4.1　A、B 两因素全部组合

A/B	B_1	B_2	B_3
A_1	$A_1 B_1$	$A_1 B_2$	$A_1 B_3$
A_2	$A_2 B_1$	$A_2 B_2$	$A_2 B_3$
A_3	$A_3 B_1$	$A_3 B_2$	$A_3 B_3$

这样，每个因素的每一水平，与另一个因素的三个水平各遇到一次，也只遇到一次。如果同时还要考虑第三个因素 C，在上述组合中排入 C 因素，而试验次数不增加，怎么排呢？同时也必须保持"每一因素的每一水平，均与另一因素的三个水平相遇过一次，也只相遇一次"的原则，因这个原则比较公平而且反映的情况也较全面，这也叫作正交性。它们可以排列成表 4.2 所示：

表 4.2　A、B、C 三因素正交组合

A/C/B	B_1	B_2	B_3
A_1	$A_1 B_1 C_1$	$A_1 B_2 C_2$	$A_1 B_3 C_3$
A_2	$A_2 B_1 C_2$	$A_2 B_2 C_3$	$A_2 B_3 C_1$
A_3	$A_3 B_1 C_3$	$A_3 B_2 C_1$	$A_3 B_3 C_2$

表 4.2 的右下角正巧是 3×3 拉丁方的标准方，可简化为表 4.3。现在且看每一行、每一列中，1、2、3 正好各出现一次。

表 4.3　A、B、C 三因素正交组合简表

A/C/B	1	2	3
1	1	2	3
2	2	3	1
3	3	1	2

现在再排入 D 因素（第四因素），当然 D 因素也是必须均衡正交的，设以 1，2，3 表示 D 因素的三个水平，则排列如表 4.4 所示。表中粗体字就是另一个 3×3 拉丁方。

这样，把 C 因素和 D 因素两个拉丁方叠在一起，使各水平都相遇一次，也只相遇一次，具有这种性质的两个拉丁方，就称为正交的拉丁方。

表 4.4　正交试验安排

A/CD/B	1	2	3
1	11①	22②	33③
2	23④	31⑤	12⑥
3	32⑦	13⑧	21⑨

在表 4.4 中，每两个拉丁方都是相互正交的。表中 A、B、C、D 四个因素中任一因素的每一个水平都与另一因素的三个水平相遇一次，亦只相遇一次，所以都是均衡正交的。该试验四个因素三个水平，如做全面试验要做 $3^4 = 81$ 次（处理组合），但现在利用均衡正交法只做 9 次处理（组合）就够了。这 9 次处理就是表中的组合内容：

① $A_1B_1C_1D_1$，② $A_1B_2C_2D_2$，③ $A_1B_3C_3D_3$，

④ $A_2B_1C_2D_3$，⑤ $A_2B_2C_3D_1$，⑥ $A_2B_3C_1D_2$，

⑦ $A_3B_1C_3D_2$，⑧ $A_3B_2C_1D_3$，⑨ $A_3B_3C_2D_1$。

将上述结果排成表格式就成为 $L_9(3^4)$ 正交表（见表 4.5），可以排列四个各具三个水平的试验因素，共做 9 次试验。正交表就是正交拉丁方的推广［虽然并非完全相等，正交拉丁方设计必须是试验次数（小区数）等于正整数的平方］，它只要任两列之间具有均衡搭配性就可以了。

2. 正交表的共通性质

①每一纵列中，不同数字的出现次数均相等，如表 4.5 所示，1、2、3 各出现过三次。

②任何两列中同一行的两有序"数对"的出现次数亦相等，如表 4.5 有序"数对"共有 9 种：(1，1)，(1，2)，(1，3)，(2，1)，(2，2)，(2，3)，(3，1)，(3，2)，(3，3)。在任两列中它们只出现一次。

凡满足以上两个性质的数表均称为正交表。

表 4.5　$L_9(3^4)$ 正交表

	因素			
	A	B	C	D
处理号	1	2	3	4
(1)	1	1	1	1

（续上表）

	因素			
	A	B	C	D
处理号	1	2	3	4
（2）	1	2	2	2
（3）	1	3	3	3
（4）	2	1	2	3
（5）	2	2	3	1
（6）	2	3	1	2
（7）	3	1	3	2
（8）	3	2	1	3
（9）	3	3	2	1

3. 正交表的类别

正交表有两类：

（1）相同水平正交表：

这类正交表的一般写法是 $L_k(m2^j)$，其中 L 表示正交，k 表示处理数，j 表示该表最多可能安排的因素数或互作数。每一正交表皆由 k 行 j 列构成。如 $L_9(3^4)$ 正交表 L 的下标"9"，表示共 9 个处理（或共做 9 次试验），指数 4 表示最多可安排 4 种因素，3 表示每种因素各具 3 个水平。如 $L_4(2^3)$、$L_6(2^7)$、$L_{25}(2^6)$ 等皆属于相同水平的正交表。

（2）混合水平正交表：

这类正交表的一般写法是 $L_k(m_1^{j_1} \times m_2^{j_2})$，它具有 m_1 水平的因素 j_1 列和 m_2 水平的因素 j_2 列，故每一表由 k 行（即做 k 次试验）和 $(j_1 + j_2)$ 列构成。如 $L_8(4 \times 2^4)$ 表示该正交表可安排一个因素是 4 水平的，4 因素是各具两水平的，该表共 8 个处理。如 $L_8(4 \times 2^4)$、$L_{16}(4^4 \times 2^3)$ 等皆属于混合水平的正交表。

4.2 正交试验设计的几何图形

正交试验的特点还可通过几何图形来说明，图 4.1 的立方体表示我们所做的试验范围，立方体的 27 个交点就是（3^3）全面试验的 27 种组合情况。用正交试验设计安排的 9 次试验就是在图上打圈的 9 个点。我们看到这 9 个点散布很均匀，表现在：

（1）对应 $A_1 A_2 A_3$ 有三个平面，对应 B、C

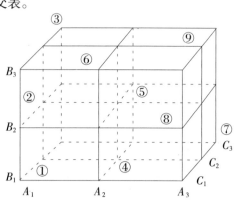

图 4.1 正交试验设计的几何解释

三水平亦然。这 9 个平面上的试验点一样多，都是 3 点（3 个组合），即对每个因素的每个水平都一视同仁。

（2）在每一个平面上有三行三列，在每行每列上都有试验点，且有同样数目的试验点。

由于这 9 个点（组合）分布具有均匀性，因此它们基本上能代表 27 个点的全貌。

4.3　选用正交表设计试验

利用正交表安排试验时可按下列步骤进行：

（1）根据试验目的，确定试验因素及每个因素的变化水平。

因素和水平的确定并非很容易的事，往往需根据试验者的专业知识与经验才能定得恰当。

一般对研究的问题了解较少的较重要的因素应适当多取一些，影响较小的可少取一些。各因素的水平数可以相等（必要时也可不相等）。希望了解较详细的因素水平多取些，其余可少取一些，这应考虑到适合的正交表问题。

（2）选择合适的正交表，根据因素数目和水平数，以及是否有交互作用，选择合适的正交表。

（3）根据选用的正交表进行表头设计，写出试验各处理的组合，制订试验方案。在表头上，未写试验因素（或互作）的列叫作空列。空列的变异一般都是许多交互作用的混杂，在方差分析时可归入误差项内。

例 4.2　为了提高某杀虫药产品的转化率（试验指标），选择了三个有关因素：反应温度（A），反应时间（B），用碱量（C）。选择的水平见表 4.6。如果用全面试验，要做 27 次（$3^3 = 27$），但现在用正交设计试验只需做 9 次。步骤如下：

①选择合适的正交表，此例是三因素三水平试验，用 $L_9(3^4)$ 比较合适。

②将 A、B、C 三个因素放到 $L_9(3^4)$ 的任意三列的表头上，例如放在前三列。

③把 A、B、C 对应三列的"1""2""3"翻译成具体的水平，见表 4.6 及表 4.7（是从表 4.5 翻译过来的）。

表 4.6　三因素水平组合表

因素	水平		
	1	2	3
温度（A）	80℃	85℃	90℃
时间（B）	90min	120min	150min
用碱量（C）	5%	6%	7%

表 4.7　试验方案的制订

试验号	列号		
	1	2	3
	A/℃	B/min	C/%
1	1 (80)	1 (90)	1 (5)
2	1 (80)	2 (120)	2 (6)
3	1 (80)	3 (150)	3 (7)
4	2 (85)	1 (90)	2 (6)
5	2 (85)	2 (120)	3 (7)
6	2 (85)	3 (150)	1 (5)
7	3 (90)	1 (90)	3 (7)
8	3 (90)	2 (120)	1 (5)
9	3 (90)	3 (150)	2 (6)

④ 9 次试验的方案如表 4.7 所示，第一号试验的工艺条件是 80℃，90min，5%，第二号试验的工艺条件是 80℃，120min，6%，等等。

⑤将表 4.7 的试验方案做出的结果——转化率数据列在表 4.8 上。

表 4.8　转化率试验结果

试验号	A（℃）	B（min）	C（%）	转化率（%）
1	1 (80)	1 (90)	1 (5)	31
2	1 (80)	2 (120)	2 (6)	54
3	1 (80)	3 (150)	3 (7)	38
4	2 (85)	1 (90)	2 (6)	53
5	2 (85)	2 (120)	3 (7)	49
6	2 (85)	3 (150)	1 (5)	42
7	3 (90)	1 (90)	3 (7)	57
8	3 (90)	2 (120)	1 (5)	62
9	3 (90)	3 (150)	2 (6)	64

（续上表）

试验号	A（℃）	B（min）	C（%）	转化率（%）
T_1	123	141	135	
T_2	144	165	171	$T = 450$
T_3	183	144	144	
$\bar{x}_1$	41	47	45	
$\bar{x}_2$	48	55	57	$\bar{x} = 50$
$\bar{x}_3$	61	48	48	

分析试验时，我们先比较 80℃、85℃、90℃ 看哪一个效果好。这三种温度每种都做了三次试验，将同温度的三个不同水平加在一起。

$$\begin{array}{llll} & (111) & (122) & (133) \\ 80℃： & 31 + & 54 + & 38 = 123 \longrightarrow T_1^A \\ & (212) & (223) & (231) \\ 85℃： & 53 + & 49 + & 42 = 144 \longrightarrow T_2^A \\ & (313) & (321) & (332) \\ 90℃： & 57 + & 62 + & 64 = 183 \longrightarrow T_3^A \end{array}$$

分别以 T_1^A，T_2^A，T_3^A 记之，填在表 4.8A 列对应的 T_1，T_2，T_3 三行。T_i^A 的平均记作 $\bar{x}_i^A$，$\bar{x}_i^A = T_i^A/3$（因系 3 区加起来的平均），它们分别表示三种温度各自的平均转化率。

依同理，为了比较反应时间 90min、120min、150min 对转化率的影响，将同一反应时间的三次试验加在一起得：$T_1^B = 31 + 53 + 57 = 141$，$T_2^B = 54 + 49 + 62 = 165$，$T_3^B = 38 + 42 + 64 = 144$，对于 C 列也用类似运算算出 T_i^C，然后求其平均 $\bar{x}_i^B$，$\bar{x}_i^C$。

用 A、B、C 三列的 $\bar{x}_i^A$，$\bar{x}_i^B$，$\bar{x}_i^C$ 作图，如图 4.2 所示。

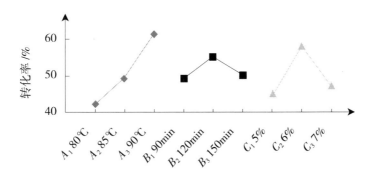

图 4.2　杀虫剂产品转化率

由图 4.2 可以看出：

①温度越高转化率越高，以 90℃ 最好，还应进一步探索温度更高的情况。

②反应时间以 120min 转化率最高。

③用碱量以 6% 转化率最高。

综合起来 $A_3B_2C_2$ 可能是较好的工艺条件。但是我们发现这个工艺条件并不在这 9 次试验之内（参看图 4.1），但较接近这个条件的是第 8、9 次试验。它是否好，还要通过试验来检验，我们将选出来的最好的工艺条件（$A_3B_2C_2$）和 9 次试验中转化率最好的 9 号（$A_3B_3C_2$）进行比较。试验结果显示，$A_3B_2C_2$ 的转化率为 74%，而 $A_3B_3C_2$ 的转化率是 64%，说明选出的工艺比较好。这种比较叫作直观比较（或直观分析），方法简单，可是没有考虑到试验误差问题，所以精确性和可靠性还不够好。

例 4.3 切削试验优化：根据生产经验，选择切削速度的三个位级为 30r/min、38r/min 和 56r/min；刀具数量的三个位级为 2 把、3 把和 4 把刀；刀具种类的三个位级为 Ⅰ 型理论刀、Ⅱ 型理论刀和常规刀 Ⅲ 型；进给量的三个位级为 0.7mm/r、0.6mm/r、0.47mm/r，现在将这些因素和位级列表如下：

表 4.9 因素位级表

位级	因素			
	1 切削速度	2 刀具数量	3 刀具种类	4 进给量
1	30	2	Ⅰ	0.7
2	38	3	Ⅱ	0.6
3	56	4	Ⅲ	0.47

据此可以选用 $L_9(3^4)$ 正交表，如表 4.10 所示。

表 4.10 试验计划表及试验结果分析表

试验号	因素				偏差量/mm
	A 切削速度	B 刀具数量	C 刀具种类	D 进给量	
	1	2	3	4	
1	1	1	3	2	0.390

（续上表）

试验号	因素				偏差量/mm
	A 切削速度	B 刀具数量	C 刀具种类	D 进给量	
	1	2	3	4	
2	2	1	1	1	0.145
3	3	1	2	3	0.310
4	1	2	2	1	0.285
5	2	2	3	3	0.335
6	3	2	1	2	0.350
7	1	3	1	3	0.285
8	2	3	2	2	0.050
9	3	3	3	1	0.315
T_I	0.960	0.845	0.780	0.745	I + II + III = 2.465 = 总和
T_{II}	0.530	0.970	0.645	0.790	
T_{III}	0.975	0.650	1.040	0.930	
R	0.445	0.320	0.395	0.185	

　　各列的极差 R 可由各列 I、II、III 三个数字中的最大数减最小数求得。如：第一列切削速度的极差值 $R = 0.975 - 0.530 = 0.445$。

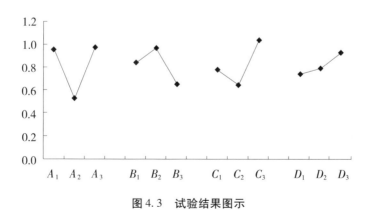

图 4.3　试验结果图示

　　比较各列的偏差量和数 I、II、III 的大小，为 II ＜ I ＜ III，则说明这一列中因素位级 2 最好，位级 1 次之，位级 3 最差，说明切削速度这个因素以位级 2 最好。对于偏差量的影响因素，切削速度 A 最重要，刀具种类 C 次之，于是因素主次的排列顺序是 A – C – B – D。因此得到的较好的加工条件是：$A_2B_3C_2D_1$。

4.4 正交试验的方差分析

正交试验可以用方差分析得出试验误差，再进行分析比较和统计推理。现假设例 4.2 中试验没有交互作用，9 次试验的结果以 x_1，x_2，$\cdots$，x_9 表示，根据一般线性模型的假设，数据可以分解为：

$$\left.\begin{aligned}
x_1 &= \mu + a_1 + b_1 + c_1 + \varepsilon_1 \\
x_2 &= \mu + a_1 + b_2 + c_2 + \varepsilon_2 \\
x_3 &= \mu + a_1 + b_3 + c_3 + \varepsilon_3 \\
&\vdots \\
x_9 &= \mu + a_3 + b_3 + c_2 + \varepsilon_9
\end{aligned}\right\} \quad \begin{cases} a = \tau \text{ 因素效应} \\ b = \beta \text{ 因素效应} \\ c = r \text{ 因素效应} \end{cases} \tag{4.1}$$

其中 a_1，a_2，a_3 表示 A 的三个水平的效应；b_1，b_2，b_3 表示 B 的效应；c_1，c_2，c_3 表示 C 的效应。和以往的假设一样，它们满足以下条件（即 $\sum \tau_i = 0$；$\sum \beta_i = 0$；$\sum r_i = 0$）。

$$a_1 + a_2 + a_3 = b_1 + b_2 + b_3 = c_1 + c_2 + c_3 = 0 \tag{4.2}$$

$[\varepsilon_i]$ 是试验误差，它们是相互独立，遵从 $N(0, \sigma^2)$ 分布的。

由上节 T_i 的计算我们有：

$$T_1^A = x_1 + x_2 + x_3 = 3\mu + 3a_1 + (b_1 + b_2 + b_3) + (c_1 + c_2 + c_3) + (\varepsilon_1 + \varepsilon_2 + \varepsilon_3) \tag{4.3}$$

因此：
$$T_1^A = 3\mu + 3a_1 + (\varepsilon_1 + \varepsilon_2 + \varepsilon_3)$$
$$\bar{x}_1^A = \mu + a_1 + \frac{1}{3}(\varepsilon_1 + \varepsilon_2 + \varepsilon_3) \tag{4.4}$$

同理：
$$\bar{x}_2^A = \mu + a_2 + \frac{1}{3}(\varepsilon_4 + \varepsilon_5 + \varepsilon_6) \tag{4.5}$$
$$\bar{x}_3^A = \mu + a_3 + \frac{1}{3}(\varepsilon_7 + \varepsilon_8 + \varepsilon_9) \tag{4.6}$$

式（4.4）至（4.6）中最后一项是三个误差的平均，可以认为近似等于 0，因此 A 的效应的估计是：

$$\left.\begin{array}{l} \hat{a}_1 = \bar{x}_1{}^A - \mu \\ \hat{a}_2 = \bar{x}_2{}^A - \mu \\ \hat{a}_3 = \bar{x}_3{}^A - \mu \end{array}\right\} \qquad (4.7)$$

这说明要比较 A 的三个水平的效应，通过比较它们的平均数 $\bar{x}_1{}^A$，$\bar{x}_2{}^A$，$\bar{x}_3{}^A$ 就行，与 B、C 无关，这就是正交表安排试验的巧妙之处，它们让 B 和 C 在同等的变化条件下来比较 A、B 和 C 的效应都抵消了，只留下 A 的效应和试验误差。

同理求 B 的效应：

$$\left.\begin{array}{l} \bar{x}_1{}^B = \mu + b_1 + \dfrac{1}{3}(\varepsilon_1 + \varepsilon_4 + \varepsilon_7) \\[2mm] \bar{x}_2{}^B = \mu + b_2 + \dfrac{1}{3}(\varepsilon_2 + \varepsilon_5 + \varepsilon_8) \\[2mm] \bar{x}_3{}^B = \mu + b_3 + \dfrac{1}{3}(\varepsilon_3 + \varepsilon_6 + \varepsilon_9) \end{array}\right\} \qquad (4.8)$$

对 $[\bar{x}_i{}^C]$ 的效应也是依同理求得。

尽管 9 次试验条件各不相同，但由于试验组合安排巧妙，三个因素的作用可以清楚分开，它们的效应都可估计出来，正交设计试验安排的特点可以概括为：

（1）任一因素，它们的不同水平试验数目都是一样的。

（2）任两个因素之间都是交叉分组，全面试验（有重复或无重复）。

正交试验的方差分析的计算：仍然按照以往计算平方和的方法，先计算各项平方和及其自由度 df（根据表 4.8 计算）。

令 $\bar{x} = 9$ 次试验的总平均，即 $\bar{x} = \dfrac{1}{9}\sum_1^9 x_i$。

总平方和 $SS_T = \sum_1^9 (x_i - \bar{x})^2 = \sum (x_i)^2 - \dfrac{T^2}{N}$

$$= (31^2 + 54^2 + \cdots + 64^2) - \dfrac{1}{9} \times (450)^2$$

$$= 23\,484 - 22\,500 = 984$$

校正数：$C = \dfrac{T^2}{N} = 22\,500$

A 因素平方和 $SS_A = \sum \sum (\bar{X}_i^A - \bar{X})^2 = n \sum_1^3 (\bar{x}_i^A - \bar{x})^2$ n——每水平试验次数

$$= \frac{1}{3} \sum_1^3 (T_i^A)^2 - C$$

$$= \frac{1}{3} \times (123^2 + 144^2 + 183^2) - 22\,500$$

$$= 23\,118 - 22\,500 = 618$$

B 因素平方和 $SS_B = n \sum_1^3 (\bar{x}_i^B - \bar{x})^2 = \frac{1}{3} \sum_1^3 (T_i^B)^2 - C$

$$= \frac{1}{3} \times (141^2 + 165^2 + 144^2) - 22\,500 = 114$$

C 因素平方和 $SS_C = n \sum_1^3 (\bar{x}_i^C - \bar{x})^2 = \frac{1}{3} \sum_1^3 (T_i^C)^2 - C$

$$= \frac{1}{3} \times (135^2 + 171^2 + 144^2) - 22\,500 = 234$$

误差 $SS_e = SS_T - SS_A - SS_B - SS_C$

$$= 984 - 618 - 114 - 234 = 18$$

每因素的自由度 $df =$ 其水平数 -1，故

$df_A = df_B = df_C = 3 - 1 = 2$

总自由度： $df_T = N - 1 = 9 - 1 = 8$

误差自由度： $df_e = df_T - (df_A + df_B + df_C) = 2$

将上述计算过程及方差分析结果列成表 4.11 和表 4.12，其中表 4.11 中误差的计算另有说明。

表 4.11 转化率试验设计表

试验号	A	B	C	误差	转化率
1	1	1	1	1	31
2	1	2	2	2	54
3	1	3	3	3	38
4	2	1	2	3	53
5	2	2	3	1	49
6	2	3	1	2	42
7	3	1	3	2	57
8	3	2	1	3	62

（续上表）

试验号	A	B	C	误差	转化率
9	3	3	2	1	64
T_1	123	141	135	144	450
T_2	144	165	171	153	
T_3	183	144	144	153	
$\sum (T_i)^2/n$	23 118	22 614	22 734	22 518	$C = 22\ 500$
SS_i	618	114	234	18	

表 4.12　方差分析表

S. V	SS	df	MS	F	临界值
A	618	2	309	34.33	$F_{0.05} = 19$
B	114	2	57	6.33	$F_{0.01} = 99$
C	234	2	117	13.00	$F_{0.10} = 9$
误差	18	2	9		$F_{0.20} = 4$
总和	984				

由于正交试验设计中误差自由度经常比较小，F 检验的灵敏度不高。有人主张如果 $df \leqslant 5$ 时，就增加一级，即计算 F 值介于表上 $F_{0.10}$ 和 $F_{0.20}$ 之间的，可以认为该因素对指标有一定的影响。

4.5　正交试验方差分析的特点

（1）总平方和等于各列的平方和。在上例中所用的正交表 $L_9(3^4)$ 的第 4 列没有安排任何因素，我们仿照每个因素的平方和的计算方法计算第 4 列的 T_i 值：

$$T_1(4) = 144, \quad T_2(4) = 153, \quad T_3(4) = 153$$

求得第四列的平方和 $SS_{(4)} = \frac{1}{3} \sum (T_i)^2 - C = 22\ 518 - 22\ 500 = 18$。这个数正好等于 SS_e，由此可知 $L_9(3^4)$ 表的 4 列平方和加在一起，正好等于总平方和。因此，求误差总平方和 SS_e 不一定要通过间接的计算（即通过由总平方和减去各因素平方和所得的剩余），可以由上述的直接计算从正交表中没有安排因素的列表计算。

在附录中所列的正交表 [除 $L_{12}(3 \times 2^3)$，$L_{18}(2 \times 3^7)$，$L_{24}(3 \times 4 \times 2^4)$ 外] 总平方和都等于各列平方和。和这一性质相关联的是总自由度也等于各列自由度之和（除了上述三表），而每一列的自由度总等于水平数减 1。

（2）计算表格化。在正交试验中每个因素的计算步骤完全一样，便于记忆又利于编制电子计算机程序。

（3）便于分析因素的主次。在正交试验中，由于因素同水平的情况较整齐，因此较容易分析因素的主次。判别（水平数相同）因素主次的原则是看它们的均方，均方大的，即影响变异大，是主要因素，均方小的是次要因素。

4.6 有交互作用的试验

1. 有交互作用的正交设计

关于交互作用（interaction），第 3 章已有解释。在正交试验设计中也可分析因素间的交互作用，且看下例：

例 4.4 在梳棉机上纺粘棉混纺纱，为了提高质量，选了三个因素，每个因素两个水平，其因素组合如表 4.13 所示，三个因素之间可能有交互作用，要设计一个试验方案，这个试验以棉结粒数为观测指标。

这是个三因素二水平试验，用正交表 $L_8(2^7)$ 比较合适。

这里着重说明交互作用的表示和计算原理。

根据表 4.17 的试验结果分析互作，先列出 $A \times B$ 因素表：

表 4.13 因素组合表

因素	代号	水平 1	水平 2
金属针布	A	日本	青岛
产量水平	B	6kg	10kg
锡林速度	C	238r/min	320r/min

表 4.14 交互作用 $A \times B$ 表

	A_1（日本）	A_2（青岛）
B_1（6kg）	$x_1 + x_2 = 0 + 5 = 5$	$x_5 + x_6 = -15 + 20 = 5$
B_2（10kg）	$x_3 + x_4 = -10 + 0 = -10$	$x_7 + x_8 = -15 + 10 = -5$

计算 $A \times B$ 表的互作。

$$A \times B = (A_2 B_2 - A_1 B_1) - (A_2 B_1 - A_1 B_1) - (A_1 B_2 - A_1 B_1)$$
$$= (-5 - 5) - (5 - 5) - (-10 - 5) = 5$$

实际计算时，因素间的互作可在正交表 $L_8(2^7)$ 上查得。如本例，以 x_i 代入上式可得：

$$A \times B = \left[(x_7 + x_8) - (x_1 + x_2) \right] - \left[(x_5 + x_6) - (x_1 + x_2) \right] - \left[(x_3 + x_4) - (x_1 + x_2) \right]$$

简化后得：$A \times B = (x_1 + x_2 + x_7 + x_8) - (x_3 + x_4 + x_5 + x_6)$

代入数值：$A \times B = T_1 - T_2 = 0 - (-5) = 5$

这个算法和利用正交表的第 3 列的计算效应一样，因在正交表上如果将 A 因素放在第 1 列，B 因素放在第 2 列，则第 3 列就是 $A \times B$ 的互作列。如将 C 因素放在第 4 列，参照上式和正交表可知 $A \times C$ 互作在第 5 列。实际对应每张正交表就有一张两列间交互作用表。在 $L_8(2^7)$ 表下面有一个表叫作"$L_8(2^7)$ 二列间交互作用"表，把它复写如表 4.15 所示。这个表的用处就是为了方便找出交互作用列。例如，如果将 A 放在第 1 列，B 放在第 2 列，查表的 1 列 2 行，对应的交叉数为 3，即表示第 3 列反映 $A \times B$ 的交互作用；如把 A 放在第 3 列，B 放在第 5 列，查该表，对应的 3 列 5 行交叉点数是"6"，即 $A \times B$ 在第 6 列。这个表对于安排试验是很有用的。下面通过本例说明如何安排有交互作用的试验。第一步先将 A、B 放在任意两列，比如放在第 1、2 两列。由交互作用表 4.15 找出 $A \times B$ 在第 3 列。如下，这样 C 不能放在第 3 列，如放在第 3 列就与 $A \times B$ 混在一起，将来在分析试验时就很麻烦，这种情况叫作"混杂"（confounding）。将 C 放在第 4 列，并由表 4.15 查出 $A \times C$ 在第 5 列，$B \times C$ 在第 6 列，如下所示：

表 4.15　$L_8(2^7)$ 二列间交互作用

行号	列号					
	1	2	3	4	5	6
7	6	5	4	3	2	1
6	7	4	5	2	3	
5	4	7	6	1		
4	5	6	7			
3	2	1				
2	3					

列号	1	2	3	4	5	6	7
因素	A	B	$A \times B$				

这样安排设计的过程称为"表头设计",由 1、2、4 三列给出试验方案,通过 3、5、6 列,可以分析交互作用。常用的表头设计附在有关表的下面。

列号	1	2	3	4	5	6	7
因素	A	B	$A \times B$	C	$A \times C$	$B \times C$	

由 1、2、4 列将表上的 1、2 翻译成具体的水平,即得表 4.16 的试验组合方案。

表 4.16　试验组合方案

试验号	A (1)	B (2)	C (4)
1	日本	6	238
2	日本	10	320
3	日本	10	238
4	日本	10	320
5	青岛	6	238
6	青岛	6	320
7	青岛	10	238
8	青岛	10	320

观测指标是棉结粒数,第 7 列没有安排,可以把它估计成试验误差。仿例 4.2 进行计算得表 4.17。

选择工艺条件主要取决于有显著影响的 B、C 和 $A \times C$。由于棉结粒数是越少越好,故 B 取 B_2。$A \times C$ 影响最大,A 和 C 的交互作用大。因 A 和 C 都是二水平,共有 $2 \times 2 = 4$ 种组合,即 A_1C_1,A_1C_2,A_2C_1,A_2C_2,而每种组合(或搭配)都做了两次,如对应 A_1C_1 的是 1 号和 3 号试验,相应的结果数据为 0 和 -10,将它们加起来(或平均)就代表 A_1C_1 组合的交互作用。同样可以列成 $A \times C$ 交互作用表(表 4.19),可以看出 A_2C_1 最好。综合起来 $A_2B_2C_1$ 就是最好工艺条件。这正好是第 7 号试验。必须注意,在 $A \times C$ 影响显著时,不管 A 和 C 分别影响显著与否,都应从 $A \times C$ 的组合去选。

表 4.17　试验结果与计算表

试验号	A	B	$A \times B$	C	$A \times C$	$B \times C$	误差	棉结粒数	简化数据
1	1	1	1	1	1	1	1	0.30	0
2	1	1	1	2	2	2	2	0.35	5
3	1	2	2	1	1	2	2	0.20	−10
4	1	2	2	2	2	1	1	0.30	0
5	2	1	2	1	2	1	2	0.15	−15
6	2	1	2	2	1	2	1	0.50	20
7	2	2	1	1	2	2	1	0.15	−15
8	2	2	1	2	1	1	2	0.40	10
T_1	−5	10	0	−40	20	−5	5	2.35	−5
T_2	0	−15	−5	35	−25	0	−10		
$\sum T^2/4$	6.25	81.25	6.25	706.25	256.25	6.25	31.25		
SS_i	3.125	78.125	3.125	703.125	253.125	3.125	28.125	$C=3.125$	

由表 4.17 可以看出 SS_A，$SS_{A \times B}$，$SS_{B \times C}$ 都很小，做 F 检验时可将它们与误差 SS_e 归并在一起，计算结果列在表 4.18。

表 4.18　方差分析表

方差来源	平方和	自由度	均方	F	临界值
B	78.125	1	78.125	8.3	$F_{0.05}=7.7$
C	703.125	1	703.125	75	$F_{0.01}=21.2$
$A \times C$	253.125	1	253.125	27	
A	3.125	1			
$A \times B$	3.125	1			
$B \times C$	3.125	1	9.375 + 28.125 = 37.5		
误差	28.125	1	37.5/4 = 9.375		
总和	1 071.875				

表 4.19 $A \times C$ 交互作用表

	A_1	A_2
C_1	-10	-30
C_2	5	30

用 SPSS 解题：

表 4.20 SPSS 分析结果

Tests of Between-Subjects Effects

Dependent Variable：棉结粒数

Source	Type Ⅲ Sum of Squares	df	Mean Square	F	Sig.
Corrected Model	1 043.750[a]	6	173.958	6.185	0.298
Intercept	6 903.125	1	6 903.125	245.444	0.041
A	3.125	1	3.125	0.111	0.795
B	78.125	1	78.125	2.778	0.344
$A \times B$	3.125	1	3.125	0.111	0.795
C	703.125	1	703.125	25.000	0.126
$A \times C$	253.125	1	253.125	9.000	0.205
$B \times C$	3.125	1	3.125	0.111	0.795
Error	28.125	1	28.125		
Total	7 975.000	8			
Corrected Total	1 071.875	7			

a. R Squared $=0.974$ （Adjusted R Squared $=0.816$）。

　　由表 4.20 的方差分析得出，各因素及交互作用对棉结粒数影响均不显著。但如表 4.18 那样合并误差，结果就会很显著。

2. 正交表的选择与考虑

　　当因素较多时，正交设计的优点是可以减少试验次数。但如果要求分析的交互作用较多，在正交表上势必占了许多列。这些列就不能排其他因素，否则会产生混杂，如果试验因素又多，要求分析的交互作用又多，要求试验的次数也必然增多，正交表的优点就削弱了。这个矛盾如何解决呢？这要具体问题具体分析。

当试验的主要目的是找寻事物的内部变化规律，试验工作量和经费不是很大的难题时，可选择试验次数较多的正交表，避免混杂现象。如果试验的目的主要在找寻较好的主要因素的工艺条件，客观情况又不允许做需要太多工作量和经费的试验，这时就选较少次数的正交表，由于选用了较小的正交表，不可避免要产生许多混杂现象。

安排试验时还应考虑的问题：

（1）分区组。对于一批试验，如果要在几台不同的机器上（或用几种原料）进行，为了防止由于机器（或原料来源）的不同而带来的原料误差干扰，那么在安排试验时，可以用正交表中未排因素的一列来安排不同的机器（或原料）。与此类似，如果指标需要几个人（或几台仪器）检验，也可以在正交表中安排一列（如果安排了机器就少了一列安排误差）。

（2）随机化。进行方差分析的试验设计，安排因素及水平时，不一定按正交表的顺序由小到大（或由大到小），应采取随机化安排。对试验次序号码也可随机安排。这可以确保试验产生的误差也是随机的（这个办法并非所有试验都适用，有些试验次序不能随意改变）。

4.7 水平数不同的正交试验

对于在同一试验内水平数不同的试验因素一般可采用两种设计方法：一是利用混合水平的正交表；二是拟水平法。

1. 利用混合水平的正交表

附录 1 中的 $L_8(4 \times 2^4)$，$L_{16}(4^2 \times 2^6)$ 等都是混合水平的正交表。用下例说明：

例4.5 为了探索某胶压板的制造工艺，选了如下因素和水平。

表 4.21 胶压板试验因素和水平组合表

因素	水平			
	1	2	3	4
压力（A）	8kg	10kg	11kg	12kg
温度（B）	95℃	90℃		
时间（C）	9min	12min		

这是一项混合水平试验，用正交表 $L_8(4 \times 2^4)$ 来安排较好。将 A 放在第一列，B、C 可放在后 4 列中的任两列，表头设计如下。胶压板性能的测量是凭眼看手摸的，没有专用仪器。这一类观测指标叫作定性指标。为了使定性指标也能用类似的方法分析，

通常采用打分的方法（但严格来说，打分指标数学模型不是常态分布，但次数多时，一般仍可看作正态分布处理）。这里按质量好坏分 6 级打分，6 分最好，1 分最坏，为了减少试验误差的干扰，整个试验重复 4 次。试验结果见表 4.22。

列号	1	2	3	4	5
因素	A	B	C		

这是一项有重复的正交试验，令 x_{ij} 表示第 i 个试验号的第 j 次重复试验，同一号试验重复 r 次，则：

$$x_{i.} = \sum_{j=1}^{r} x_{ij}, \quad \bar{x}_{i.} = \frac{1}{r} x_{i.}$$

共有 n 个试验号（小区），显然，同一号试验的 r 个数据之间的差异就是试验误差，和以往方差分析原理一样。误差平方和为：

$$SS_e = \sum_{1}^{n} \sum_{i}^{r} (x_{ij} - \bar{x}_{i.})^2 \tag{4.9}$$

令 $\bar{x}_{..}$ 表示所有数据的总平均值，则总平方和就是所有数据的变异量。

$$SS_T = \sum_{i=1}^{n} \sum_{j=1}^{r} (x_{ij} - \bar{x}_{..})^2 \tag{4.10}$$

设正交表某一列有 p 个水平，每个水平有 q 个试验号（显然 $pq = n$），这一列 p 个水平的平均值是 $\bar{T}_1$，$\bar{T}_2$，…，$\bar{T}_i$，…，$\bar{T}_p$，则该列（因素）的平方和为：

$$SS_j = qr \sum_{i=1}^{p} (\bar{T}_i - \bar{x}_{..})^2 \tag{4.11}$$

这个是原理式，计算起来不方便，实际计算可采用前述的计算式：

$$T = 总计 = \sum_{1}^{n} \sum_{i}^{r} x_{ij}$$

$$C = \frac{T^2}{nr} \quad （校正数）$$

总平方和：
$$SS_T = \sum_1^{nr} x_{ij}^2 - \frac{T^2}{nr} = \sum_1^{nr} x_{ij}^2 - C \qquad (4.12)$$

设水平数 $=p$，每水平有 q 个试验号，同一水平试验数据之和 $=T_i$，则该 j 列因素的平方和：

$$SS_j = \frac{1}{qr} \sum_1^p (T_j)^2 - C \qquad (4.13)$$

试验号（次）间的平方和：

$$SS_n = \frac{1}{r} \sum_1^n x_{i\cdot}^2 - C \qquad (4.14)$$

误差平方和：
$$SS_e = SS_T - SS_n = \sum_1^{nr} x_{ij}^2 - \frac{1}{r} \sum_1^n x_i^2 \qquad (4.15)$$

对于胶压板的例子，$n=8$，$r=4$，则：

$$T = 6 + 6 + \cdots + 2 = 111$$

$$C = \frac{1}{8 \times 4} \times 111^2 = 385.031\,25$$

总平方和：

$$SS_T = \sum_1^{nr} x_{ij}^2 - C = (6^2 + 6^2 + \cdots + 2^2) - 385.031\,25 = 465 - 385.031\,25 = 79.968\,75$$

因素 A 列平方和：
$$SS_A = \frac{1}{qr} \sum_1^p (T_A)^2 - C$$
$$= \frac{1}{2 \times 4} \times (41^2 + 24^2 + 19^2 + 27^2) - C$$
$$= 418.375 - 385.031\,25$$
$$= 33.343\,75$$

对于因素 B 和 C 所在的列，$p=2$，$q=4$，$r=4$，则：

$$SS_B = \frac{1}{4 \times 4} \times (48^2 + 63^2) - C = 392.062\ 5 - 385.031\ 25 = 7.031\ 25$$

$$SS_C = \frac{1}{4 \times 4} \times (64^2 + 47^2) - C = 394.062\ 5 - 385.031\ 25 = 9.031\ 25$$

误差平方和有两种：

（1）第一种误差：如果试验没有重复，因素之间又没有交互作用，可以利用正交表还没有安排因素的其余两列来估计误差（如果有交互作用，用这两列来估计误差的准确性就变差了）。一般将这两列的平方和记作 SS_{e1}，可有两种计算法：

①直接从正交表其余未安排因素的列计算。

本例为：$SS_{e1} = SS_4 + SS_5 = 0.281\ 25 + 1.531\ 25 = 1.812\ 5$

$$df = 1 + 1 = 2$$

②间接法：试验次数间平方和减去各因素平方和：

$$SS_{e1} = SS_n - SS_A - SS_B - SS_C$$

本例代入公式：

试验号间：

$$SS_n = \frac{1}{r} \sum_1^n x_{i.}{}^2 - C$$

$$= \frac{1}{4} \times (22^2 + 19^2 + \cdots + 17^2) - C = 436.25 - 385.031\ 25 = 51.218\ 75$$

$$SS_{e1} = 51.218\ 75 - 33.343\ 75 - 7.031\ 25 - 9.031\ 25 = 1.812\ 5$$

两种方法结果相同，视计算方便与否选择使用。

（2）第二种误差 SS_e，可间接从总平方和 SS_T 按公式（4.15）计算：

$$SS_e = SS_T - SS_n = 试验号内（SS）$$

$$df = 3 \times 8 = 24$$

本例为：$79.968\ 75 - 51.218\ 75 = 28.75$

计算结果可列成表 4.22 及表 4.23。

表 4.22 胶压板试验结果计算表

试验号	A	B	C	4	5	x_{i1}	x_{i2}	x_{i3}	x_{i4}	T_i	$\bar{T}_i$
1	1	1	1	1	1	6	6	6	4	22	5.5
2	1	2	2	2	2	6	5	4	4	19	4.75
3	2	1	1	2	2	4	3	2	2	11	2.75
4	2	2	2	1	1	4	4	3	2	13	3.25
5	3	1	2	1	2	2	1	1	1	5	1.25
6	3	2	1	2	1	4	4	4	2	14	3.5
7	4	1	2	2	1	4	3	2	1	10	2.5
8	4	2	1	1	2	6	5	4	2	17	4.25
T_1	41	48	64	57	59						
T_2	24	63	47	54	52					$T = 111$
T_3	19									$\bar{x} =$
T_4	27									3.468
$\frac{1}{qr}\sum_1^p (T_j)^2$	418.375	392.0625	394.0625	385.3125	386.5625	$C = $ 385.03125					
SS_j	33.34375	7.03125	9.03125	0.28125	1.53125						

一般先将两种误差（试验误差 S_e^2 与剩余误差或交互作用 S_{e1}^2，S_{e1}^2/S_e^2）进行比较，用 F 检验。如 F 值不显著，说明这两种误差是相同的，交互作用微小，可以将这两项合并作误差（df 亦然）。如果 F 值显著，说明因素之间的交互作用不可忽略。分析的结果：由于 S_{e1}^2/S_e^2 不显著，可以将它们合并。从方差分析表中可看到三个因素对指标（得分）均有显著影响。

选择较好的条件，就是取 T 值大的那一个，选择结果是 $A_1B_2C_1$，这号试验不在本设计内，但接近 $A_1B_1C_1$。可再进行 $A_1B_2C_1$ 组合试验以验证。

表 4.23 方差分析表

S.V	SS	df	MS	F	$C_{F1}V$
A	33.34375	3	11.1146	9.46**	$F_{0.01} = 4.6$
B	7.03125	1	7.03125	5.98*	$F_{0.01} = 7.7$

（续上表）

S.V	SS	df	MS	F	$C_{F1}V$
C	9.031 25	1	90.312 5	7.68*	$F_{0.05} = 4.2$
e1	1.812 50	2	0.906 25	$MS_t = 1.175 5$	
Err	28.750 0	24	1.197 9		
Total	79.968 75	31			

对于有重复的一般正交试验，都按此例进行分析计算。

2. 拟水平法

仍以例4.2略加修改以说明拟水平法。该例是用 $L_9(3^4)$ 作三因素 [温度（A），时间（B），用碱量（C）] 三水平的试验设计。如果还要增加一个搅拌速度（D）的因素看其指标有无影响，而电动机只有快慢两挡，即因素 D 只有两个水平，这是一项四个因素的混合水平试验，如果套用现成的正交表，则以 $L_{18}(2 \times 3^9)$ 为宜，但由于人力物力的限制，18 次试验无法实现，只能仍用 $L_9(3^4)$ 来安排。那怎么办呢？可以给搅拌速度凑足三个水平，这个凑的水平就叫"拟水平"。让搅拌速度快的（或慢的）一挡多重复一次（即第三水平拟作"快"处理），则各因素如下：

表4.24　因素与水平

水平	因素			
	温度（A）	时间（B）	用碱量（C）	搅拌速度（D）
1	80℃	90min	5%	快
2	85℃	120min	6%	慢
3	90℃	150min	7%	快

然后按通常的方法制订试验方案。为简便起见，我们假设试验结果仍与原来的一样（见表4.11），介绍一下"拟水平"分析法。

总平方和 SS_T，各因素平方和 SS_A、SS_B、SS_C 的计算与原来完全相同，新的问题是如何计算 SS_D，D 有两个水平，但两个水平的试验次数不一样，快是 6 次，慢是 3 次，可按照不重复的单因素试验的公式计算。计算结果见表 4.25。D 因素的平方和计算式如下：

$$SS_j = \sum_1^p \frac{1}{q_i}(T_i)^2 - C \tag{4.16}$$

式中，p 为水平数；q_i 为某一水平试验次数（重复），$i=1$，2；T_i 为 D 因素（某 j 列因素）同一 i 水平（结果指标）的总和。本例为：

$$\sum_{1}^{p} \frac{1}{q_i}(T_j^2)^2 - C = \left(\frac{1}{6} \times 297^2 + \frac{1}{3} \times 153^2\right) - C = 22\,504.5 - 22\,500 = 4.5$$

误差平方和：$SS_e = SS_T - SS_A - SS_B - SS_C - SS_D$
$$= 984 - 618 - 114 - 234 - 4.5 = 13.5$$

SS_D 的自由度 = 水平数 $-1 = 2 - 1 = 1$

从而误差自由度 $df_e = df_T - df_A - df_B - df_C - df_D$
$$= 8 - 2 - 2 - 2 - 1 = 1$$

表 4.25　试验方案与计算表

试验号	A	B	C	D	转化率
1	80℃	90min	5%	快	31%
2	80℃	120min	6%	慢	54%
3	80℃	150min	7%	快	38%
4	85℃	90min	6%	快	53%
5	85℃	120min	7%	快	49%
6	85℃	150min	5%	慢	42%
7	90℃	90min	7%	慢	57%
8	90℃	120min	5%	快	62%
9	90℃	150min	6%	快	64%
T_1	123	141	135	297	450
T_2	144	165	173	153	
T_3	183	144	144		
$\sum T_i^2 / n$	23 118	22 614	22 734	22 504.5	
SS_j	618	114	234	4.5	

显然因素 D 的影响是不显著的，可将它与误差合并，因此和方差分析表 4.12 的结果完全一样。由此例可知拟水平法有如下特点：

（1）每个水平的试验次数不一样。转化率的试验D_1有6次，D_2只有3次。通常把较好的水平试验次数放多一些。

（2）自由度小于所在正交表列的自由度。因为D占了$L_9(3^4)$表的第4列，但它的$df_D=1$，小于原来的$df_D=2$，这就是说D虽然占了第4列，但没有占满，没占满的地方就是试验误差。

4.8　多指标分析

上述例子均以最终的转化率（棉结粒数，或得分）为观测指标，这是单一的指标，但试验工作者往往要观察多种指标，如干燥机试验，要观测种子的含水率、单位干燥速率、耗电量、种子色泽……这时可首先精减次要的指标，掌握几个主要矛盾，即影响最大的指标，分别进行统计分析，最后按指标的主次顺序排列，根据试验工作者的综合考虑进行优选。进行多指标分析的方法有所谓综合平衡法、综合加权评分法等。下面分别举例说明。

1. 综合平衡法

这种分析方法是考虑每个因素对各个指标影响的大小，再与专业基础知识结合，综合比较确定用哪个水平。

例4.6　在空压机动力缸套松孔镀铬时，要用低熔点合金将一些孔堵死，镀铬后再熔去。过去的合金配比不好，熔点只有67℃，而镀槽工作温度是66℃，稍不注意就会报废。为找到较好的配比，进行缸套镀铬低熔点合金配比试验。观测的指标有三：

①主要指标是熔点，熔点应在68℃~71℃之间，更低或更高都不好；

②线膨胀系数要小，堵死孔后，不能因温度的变化产生脱落或松动，所以要观察是否有脱落；

③合金结晶要细。

因素和水平如表4.26所示（水平中的数字是重量比，即$1:X$）。

表4.26　因素与水平

因素	铅	铋	锡	镉
一水平	1.8	3.8	0.8	0.7
二水平	2.2	4.2	1.2	0.3

试验安排与分析：

用$L_8(2^7)$正交表安排试验，计算熔点数据，然后参考别的指标再选择水平，试验结果见表 4.27。

表 4.27　合金配比试验

试验号	1 铅	2 铋	4 锡	7 镉	熔点	有无脱落	结晶
1	1	1	1	1	67℃	无	细
2	1	1	2	2	66℃	无	较粗
3	1	2	1	2	71℃	无	粗
4	1	2	2	1	68℃	无	细
5	2	1	1	2	65℃	有	粗
6	2	1	2	1	66℃	有	细
7	2	2	1	1	66℃	无	细
8	2	2	2	2	64℃	无	细
T_1	272	264	269	267	533		
T_2	261	269	264	266			
$T_{1/4}$	68	66	67.25	66.75			
$T_{2/4}$	65.25	67.25	66	66.5			
极差	2.75	1.25	1.25	0.25			

从极差看，对熔点影响最大的是铅，其次是铋、锡，对镉的水平变化影响很小。从试验结果比较，第 4 号试验三项指标都好，其他的 7 个试验都未能使三项指标全达到要求。从熔点的分析来看，要提高熔点，应选熔点均值较大的水平。

熔点均值	68	67.25	67.25	66.75
因素	铅 1.8	铋 4.2	锡 0.8	镉 0.7
相当水平	1	2	1	1

这个条件在表 4.27 中没有出现过。于是补充一次试验，效果确实好。又考虑到镉的价格太贵，两个水平（0.7 和 0.3）的反应差别不大，为验证是否还可少用些，甚至不用，于是又做了两次试验，现将这三次试验的条件和结果与原来生产的情况列表进行比较，如表 4.28 所示。

表 4.28 各试验配比比较表

	铅	铋	锡	镉	熔点	有无脱落	结晶
从 L_8 分析所得最优配比	1.8	4.2	0.8	0.7	68℃	无	细
不用镉	1.8	4.2	0.8	0	85℃	无	细
少用镉	1.8	4.2	0.8	0.4	68℃	无	细
原配比	2	4	1	1	67℃	无	不很细

可见完全不用镉时熔点过高，少用镉是可以的，这样综合考虑，逐步逼近，终于找到合适的配比。

2. 综合加权评分法

综合评分的思想就是把多指标的情况化为一个指标（总分），用每次试验的得分（即各项指标得分的总和，总分）来代表这次试验的结果，然后进行统计分析。如果分别按各项指标的重要程度，相应地乘以适当的系数作为分数，然后计算每次试验的得分，通常称为加权评分。下面举例说明：

例4.7 为了提高东方红-3号气流清选脱粒机的性能和效率，进一步探索选择优良的部件结构、参数，以提高小麦脱粒度电产量、脱净率、清洁率，减少破碎率。

（1）试验观测指标为：度电产量、脱净率、清洁率以及破碎率。

（2）试验因素与水平组合见表 4.29。

表 4.29 气流清选脱粒机试验因素与水平

水平	因素		
	A 滚筒转速/（r/min）	B 抛射转速/（r/min）	C 清粮筒型式
1	700	650	原设计
2	800	800	龙式
3	900	700	华式

（3）试验方案，选用 $L_9(3^4)$ 正交表，采用完全随机排列，试验组合方案及结果见表 4.30。

表 4.30　气流清选脱粒机试验方案分析结果

试验号	A 滚筒转速2/ (r/min)	B 抛射转速3/ (r/min)	C 清粮筒型式4	试验结果脱净率 y_{i1}/%	度电产量 y_{i2}/ [kg/ (kW·h)]	清洁率 y_{i3}/%	破碎率 y_{i4}/%	综合加权评分 y^*
1	1（700）	1（650）	1（原）	99.70	137.00	99.25	0.50	82.30
2	2（800）	2（800）	2（龙）	98.95	125.00	98.90	1.20	55.19
3	3（900）	3（700）	3（华）	98.80	82.00	99.58	8.00	16.10
4	1	2	3	99.26	127	98.50	1.30	61.69
5	2	3	1	98.60	128	99.30	0.50	51.50
6	3	1	2	98.62	109	90.80	0.60	9.89
7	1	3	2	98.80	127	93.50	0.70	31.63
8	2	1	3	98.92	118	98.75	200	48.64
9	3	2	1	99.80	99.00	99.55	1.80	67.75
T_1	175.35	140.56	201.28					
T_2	155.33	184.63	96.71					
T_3	93.74	99.23	126.43					
X_1	58.45	46.85	67.09					
X_2	51.78	61.54	32.27					
X_3	31.24	33.08	42.14					
R	27.21	28.46	34.82					
较优	A_1	B_2	C_1					

（4）第一批试验结果的计算：

综合加权评分计算步骤如下：

①确定各项试验指标的权：以总权为 1（或 100），然后考虑各项指标及因素的重要性，确定其加权的大小，标作 W_j，其中 j 表示第 j 种试验指标。测试指标中较重要的，应给予较大的权（系数），各指标的权的总和等于 1（或 100）。本试验各指标的权分配如下：

脱净率：0.30　　　　　标作 W_1

度电产量：0.20　　　　标作 W_2

清洁率：0.25　　　　　标作 W_3

破碎率: 0.25　　　　标作 W_4

$\sum W_j = 1.00$

②计算各项指标的极差 R_j，R_j 表示第 j 项指标中的最大值 $y_{M \cdot j}$ 与最小值 $y_{m \cdot j}$ 之差，也就是变异范围。本试验为:

脱净率: $R_1 = 1.2\%$

电度产量: $R_2 = 55\mathrm{kg}/(\mathrm{kW} \cdot \mathrm{h})$

清洁率: $R_3 = 6.08\%$

破碎率: $R_4 = 7.50\%$

③将各项指标的观测值转换为评分值及加权评分值。由于各指标的观测单位不同或数量级不同，不好综合积加，应转换为无量纲参数（相对的分数）并在平等数量级基础下来计算综合加权评分值。

把试验指标的最大值 $y_{M \cdot j}$ 记作 100 分（如取 100 分制），最小值 $y_{m \cdot j}$ 记作 0 分。各项指标均以最低值作为 0 点，按比例计算出各值的分数。

如表 4.30 中指标"脱净率"的最大值 $y_{M.1} = 99.80\%$ 作为 100 分；最小值 $y_{5.1} = 98.60\%$（第 5 试验号）作为 0 分，如第 7 观测值 $y_{7.1} = 98.80\%$，按比例计算则 $y_{7.1}$ 的百分比得分:

$$y_{7.1}' = \frac{100}{R_1}(y_{7.1} - y_{5.1}) = \frac{100}{1.2} \times (98.8 - 98.6) = 16.67 \tag{4.17}$$

将此分值再乘以该指标（脱净率）应分配的权 $W_1 = 0.30$，则成为指标的加权评分:

$$y_{7.1}^* = 0.30 \times 16.67 = 5.001 \approx 5$$

以公式表示 i 试验号 j 列指标的加权评分则为:

$$y_{i,j}^* = \sum_{j=1} y_{i,j}' \tag{4.18}$$

式中，$y_{i,j}'$ 表示第 i 试验号 j 列指标的百分比得分［见式（4.17）］。

依同理可计算第 7 试验号第 2 列指标及第 3 列指标的加权评分 $y_{7.2}^* = 16.2$，$y_{7.3}^* = 11.1$。

至于第 4 列指标（破碎率）的加权评分的正、负却有所不同。因前三项指标均要求愈高愈好，但第 4 项指标（破碎率）则要求愈低愈好，破碎率愈大，得分愈少，故此指标应属负号（减号），即第 4 指标的加权评分为:

$$y_{7.4}{}^* = -W_4 \times \frac{100}{R_4}(y_{M.4} - y_{m.4}) = -W_4 \times (y_{7.4}')$$

$$= -0.25 \times \frac{100}{7.50} \times (0.7 - 0.5) = -0.67$$

④计算综合加权评分：把各项指标的加权评分积加即为综合加权评分值。

$$y_{i.}{}^* = \sum_{j=1}^{n} W_j y_{i.j}{}^*$$

本例第 7 试号的综合加权评分为：

$$y_{7.}{}^* = 5 + 16.2 + 11.1 - 0.67 = 31.63$$

为了直接代入公式计算，可把计算过程写成公式（4.19）：

$$y_{i.}{}^* = \sum_{j=1}^{n} \frac{W_j \times 100}{R_j}(y_{M.j} - y_{m.j}) \tag{4.19}$$

本例各项指标的综合加权评分见表 4.30 末列。通过综合分析评分可知：

①第 1 试号的综合加权评分最高，它的处理组合为 $A_1 B_1 C_1$（即滚筒的转速为 700，抛射转速为 650，清粮筒型式为原设计）。

②从单个试验因素来看，则以 A_1，B_2，C_1 为佳。

③从各因素对指标综合评分影响的主次来看，则以 C 因素（滚筒型式）影响最大，抛射转速次之。

综合比较均以原设计清粮筒为最佳，至于滚筒及抛射的转速，通常以速度较高者为好，则可以逐级调整 A、B 的转速，从低至高进行试验也较易找出最适转速组合。

本试验设计的缺点是没有设置重复，未能估计试验误差，因而有些综合评分的差异未判定其是否属于误差范围。如上述第②项单因素比较以 A_1，B_2，C_1 为好，B_1 与 B_2 只相差 14.69 分，究竟是否属于误差范围不得而知。

综合加权评分是将各项指标化为分值，相应地乘以适当的系数，然后总计每次试验各指标的得分，系数就是权数，如何确定指标的权数使其恰如其分，这是综合评分法的关键，这个问题的正确解决有赖于丰富的实践经验，数学上没有一般公式。

4.9 正交试验设计小结与讨论

正交试验设计引用至工、农业试验研究中是近几十年的事，在设计和分析试验时必须注意正确运用才能达到目的，这里提出一些应注意与考虑的问题。

（1）采用正交表空列计算误差时，应用较大的、空列较多的正交表才可保证有足够的误差自由度。

（2）正交试验设计的一些线性模型的假设，立论似不够合理，如多因素试验假设没有交互作用，只有三个误差的平均即视为零等。因此，正交试验的直观比较法是粗放的，可能导致不可靠的结论。特别是交互作用，当未有证明其不存在之前是不可忽视的。

（3）正交试验进行方差分析时也必须注意选择合适的方差比 F 检验。

（4）4 个因素以上的多因素正交试验，其可能产生互作的情况更复杂，进行方差分析时所使用的正交表更庞大。如要保证试验结果的可靠性与精确性，还是以采用其他多因素试验的方差分析为妥，如"平衡不完全区组设计"等。但因素与水平的组合仍可利用正交表，取其能"均衡搭配"，可大大减少处理的组合数。

（5）不设重复且只有一、二空列以估计误差的正交试验，误差自由度过小，结果可靠性较差，尽量少用。

（6）设置重复的正交试验，统计分析时，不要把处理的重复相加（或平均）作方差分析。因为这样，对提高试验精度没有好处，应利用重复数据计算试验误差以提高试验的精度。

第5章　直线回归及相关

5.1　回归和相关的概念

在前面各章中，研究了不同处理（或处理组合）对试验指标的影响，以及怎样去判断这些影响之间是否有显著的差别，从而找出各种影响因素的最优水平。本章进一步将因素看成变量，研究变量间关系的变化规律。例如，研究温度变化对作物发育速度的影响，拖拉机前进速度和牵引力的关系，纤维强度与拉伸倍数之间的关系，土壤颗粒成分与黏附力的关系，以及人的年龄与血压的关系等等。

对于两种变量 x 和 y 的各对观测值，可用(x_1, y_1)，(x_2, y_2)，$\cdots$，(x_n, y_n)表示。为研究 x 和 y 究竟呈何种关系，通常在直角坐标系上用点(x_i, y_i)绘成散布图（scatter diagram）进行初步观察，在这些图中可以看出：①两种变量相关的性质和密切程度（或由 x 估计 y 的精确度）；②两种变量的关系是直线型的还是非直线型的；③是否有些特殊的不规则的点散布，显示有某种干扰等。

在统计上，x 和 y 的关系有两种理论模型：第一种叫回归（regression）模型；第二种叫相关（correlation）模型，或称双变量正态总体模型。在回归模型中，x 是试验时能严格控制或精确测定的，没有误差或误差很小；而 y 则不仅随 x 的变化而变化，而且有随机误差。所以，这一模型的 x 叫自变量，是普通变量；y 叫因变量，是随机变量。例如作物茎秆的粗细（横断面积）与所需的剪断力的关系（不能逆转）。回归模型除有自变量和因变量的区别外，尚有预测的作用，即可由给定的 x 预测可能的 y 值。另外，若需要控制 y 不能超出一定范围，则反过来，可以通过将 x 限制在一定范围内来实现，这就是控制作用。

在相关模型中，x 和 y 是平行变化关系，皆具有随机误差，因而不能区别哪一个是自变量，哪一个是因变量。例如稻麦的每穗粒数与穗长，或人的身高与重量两种变量，很难说哪一个影响哪一个。x 和 y 可任意代表两个变量中的某一个，视实际需要而定。所以相关模型的特征是仅仅表示两种变量的谐同变异，没有自变量和因变量之分，也不具有预测或控制的性质。

回归模型资料的统计方法叫回归分析，这一分析是要导出由 x 来预测（或控制）y 的回归方程，并确定 y 的变化范围。相关模型资料的统计方法叫相关分析，这一分析是要测定两个变量在数量关系上的密切程度和性质。但回归分析和相关分析不能截然分开，由回归分析可获得相关分析的一些重要信息，由相关分析也可以获得回归分析的一些信息。

5.2 直线回归方程

对于散布图上呈直线关系趋势的两种变量，如果要从 x 的数量变化来预测或估计 y 的数量变化，可以作出一条最合适的直线来描绘它们的变化规律。所谓"最合适"，在统计学上叫误差最小，就是要使散布图上各点与直线的距离（以平行于 y 轴的距离计算）平方之和最小。这样一条直线称为 y 依 x 的回归直线（linear regression line of y on x），其回归方程通式如下：

$$\hat{y} = a + bx \qquad\qquad (5.1)$$

为确定这条直线，我们可以这样来考虑：

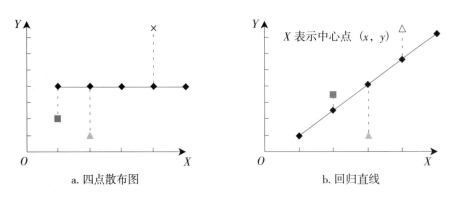

a. 四点散布图　　　　　　　b. 回归直线

图 5.1

如图 5.1a，先在散布图上找出点 $(\bar{x}, \bar{y})$，它就是图上八个散布点的形心（centroid）。过点 $(\bar{x}, \bar{y})$ 作一水平直线 $y = \bar{y}$，则图上每点到此直线的垂直距离为 $(y - \bar{y})$，其平方和就是我们前面讲过的离差平方和。然后，以 $(\bar{x}, \bar{y})$ 为中心，将直线按散布点的趋向旋转，则直线在任何位置，都可计算图上各点到直线的垂直距离（即平行于 y 轴的距离）的平方和，但其中只有一条，其平方和为最小，那就是要求的"回归直线"（如图 5.1b）。这一直线在 y 轴上的截距 a 叫回归截距；直线的斜率 b 叫作回归系数

（regression coefficient）。而直线上的 $\hat{y}$ 就是和自变量 x 相对应的 y 的估计值（esti-mate）。

以上几何方法，确立了寻找回归直线的基本思想原则，要具体实现，还要找到使平方和最小的计算方法。即要使：

$$Q = \sum_1^n (y - \hat{y})^2 = \sum (e)^2 = \sum_1^n (y - a - bx)^2 = \min$$

根据最小二乘法，通常是利用微积分中的极值原理，求 Q 对 a、b 的偏微分，并使之等于 0，得：

$$\frac{\partial Q}{\partial a} = -2 \sum_1^n (y - a - bx) = 0 \tag{5.2}$$

$$\frac{\partial Q}{\partial b} = -2 \sum_1^n (y - a - bx)x = 0 \tag{5.3}$$

由式（5.2）：$na = \sum_1^n y - b \sum_1^n x$，得：

$$a = \bar{y} - b\bar{x} \tag{5.4}$$

式中，$\bar{y} = \dfrac{1}{n} \sum_1^n y$，$\bar{x} = \dfrac{1}{n} \sum_1^n x$。 $\tag{5.5}$

由式（5.3）：$\sum_1^n xy - a \sum_1^n x - b \sum_1^n x^2 = 0$，将式（5.4）代入，整理得：

$$b = \frac{\sum_1^n xy - \dfrac{1}{n} \sum_1^n x \sum_1^n y}{\sum_1^n x^2 - \dfrac{1}{n} (\sum_1^n x)^2} = \frac{\sum_1^n (x - \bar{x})(y - \bar{y})}{\sum_1^n (x - \bar{x})^2} \tag{5.6}$$

将求得的 a、b 值代回式（5.1），得到的回归直线 $\hat{y} = a + bx$ 即可保证 $Q = \sum (y - \hat{y})^2$ 最小，同时使 $\sum (y - \hat{y}) = 0$。

a 和 b 值可正可负，当 $b > 0$ 时，表示 y 随 x 的增大而增大，呈正相关；当 $b < 0$ 时，表示 y 随 x 的增大而减小，呈负相关。在 $b = 0$ 或与 0 差不多时，则表示 x 的大小与 y 的变异无关，直线回归关系不成立。

将 $a = \bar{y} - b\bar{x}$ 代入式（5.1），可得回归直线的另一方程式：

$$\hat{y} = \bar{y} - b\bar{x} + bx = \bar{y} + b(x - \bar{x}) \tag{5.7}$$

由此式可知，若 $x = \bar{x}$，则 $\hat{y} = \bar{y}$，即回归直线必通过这些散点坐标点的形心 $(\bar{x}, \bar{y})$。这说明前面的几何方法是正确的。记住这一特点，也有助于绘制具体资料的回归直线。例如，由式（5.7），知道了 $(\bar{x}, \bar{y})$ 后，只要再确定 b，直线就确定了。

5.3　直线回归方程的计算格式

例5.1　研究拖拉机牵引农具工作时，所需发挥的拉杆牵引力和前进速度的关系。测得记录如表5.1，试配回归方程。

表5.1　拖拉机拉杆的牵引力与相应速度

速度/（km/h）	牵引力 Y/kg	x^2	y^2	xy
0.9	425	0.81	180 625	382.5
1.3	420	1.69	176 400	546.0
2.0	480	4.00	230 400	960.0
2.7	495	7.29	245 025	1 336.5
3.4	540	11.56	291 600	1 836.0
3.4	530	11.56	280 900	1 802.0
4.1	590	16.81	348 100	2 419.0
5.2	610	27.04	372 100	3 172.0
5.5	690	30.25	476 100	3 795.0
6.0	680	36.00	462 400	4 080.0
$\Sigma = 34.5$	5 460	147.01	3 063 650	20 329.0

（1）先作散布图（也可不作）。将表5.1中的每对数据 (x, y) 在图上以一个点表示，从散布图可以直观地看出两变量之间的大致关系。牵引力随速度的加快而增大，它们大致成一直线正相关（$b>0$）趋势。

（2）求回归方程：$\hat{y} = a + bx$。

原则上可分别用式（5.4）、（5.6）来计算 a 和 b。但实际计算时，往往采用下面的标准格式：

设：$SS_x = \sum(x - \bar{x})^2$，$SS_y = \sum(y - \bar{y})^2$，$SP_{xy} = \sum(x - \bar{x})(y - \bar{y})$，可得：

$$SS_x = \sum x^2 - \frac{1}{n}(\sum x)^2 \qquad (5.8\text{A})$$

$$SS_y = \sum y^2 - \frac{1}{n}(\sum y)^2 \qquad (5.8\text{B})$$

$$SP_{xy} = \sum xy - \frac{1}{n}(\sum x)(\sum y) \qquad (5.8\text{C})$$

于是：
$$b = \frac{SP_{xy}}{SS_x}$$

$$a = \bar{y} - b\bar{x} \qquad (5.9)$$

式 (5.8B) 在后面方差分析时将用到。

本例计算如下：

$\sum x = 34.5$	$\sum y = 5\,460$	$n = 10$
$\bar{x} = 3.45$	$\bar{y} = 546$	
$\sum x^2 = 147.01$	$\sum y^2 = 3\,063\,650$	$\sum xy = 20\,329.0$
$\dfrac{(\sum x)^2}{n} = 119.025$	$\dfrac{(\sum y)^2}{n} = 2\,981\,160$	$\dfrac{(\sum x)(\sum y)}{n} = 18\,837.0$

$SS_x = 27.985$ 　　$SS_y = 82\,490$ 　　$SP_{xy} = 1\,492.0$

$$b = \frac{SP_{xy}}{SS_x} = \frac{1\,492.0}{27.985} = 53.31$$

$$a = \bar{y} - b\bar{x} = 546 - 53.31 \times 3.45 = 362.08$$

将 a、b 代入式 (5.1) 即得牵引力对速度的回归直线方程：

$$\hat{y} = 362.08 + 53.31x$$

回归系数 $b = 53.31$，说明在该试验条件下，速度每增加 1km/h，拖拉机所需发挥的牵引力平均增加 53.31kg。

（3）绘回归直线。

在图上找出点 $(\bar{x}, \bar{y})$，再在 y 轴上截取 $a = 362.08$ 点，过该点与点 $(\bar{x}, \bar{y})$ 作一直线，即为回归直线。或再令 x 取某一个数值 x_0，代入回归方程求出相应的 y_0，连接 $(\bar{x}, \bar{y})$ 和 (x_0, y_0)，就得到回归直线（如图 5.2 所示）。

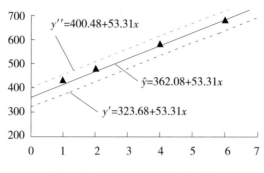

图 5.2　牵引力对速度的回归直线

上述的计算法，当数字相当大时，非常麻烦而且易算错，可以将数字简化。如同求平方和时的简算法一样，把每个数据同时减去一个常数，可大大简化计算量。

例 5.2　某学校对学生的体重 x 与肺活量 y 进行调查，数据如表 5.2 所示，试用直线回归方程描述它们的关系。

表 5.2　学生体重与肺活量数据

编号	1	2	3	4	5	6	7	8	9	10	11	12
肺活量	2.55	2.20	2.75	2.40	2.80	2.81	3.41	3.10	3.46	2.85	3.50	3.00
体重	42	42	46	46	46	50	50	50	52	52	58	58

本例计算如下：

$$\sum x = 592 \qquad \sum y = 34.83 \qquad n = 12$$

$$\bar{x} = 49.333 \qquad \bar{y} = 2.902\ 5$$

$$\sum x^2 = 29\ 512 \qquad \sum y^2 = 102.983\ 3 \qquad \sum xy = 1\ 736.32$$

$$\frac{(\sum x)^2}{n} = 29\ 205.33 \qquad \frac{(\sum y)^2}{n} = 101.094\ 1 \qquad \frac{(\sum x)(\sum y)}{n} = 1\ 718.28$$

$$SS_x = 306.67 \qquad SS_y = 1.889\ 2 \qquad SP_{xy} = 18.04$$

$$b = \frac{SP_{xy}}{SS_x} = \frac{18.04}{306.67} = 0.058\ 8$$

$$a = \bar{y} - b\bar{x} = 2.902\ 5 - 0.058\ 8 \times 49.333 = 0.001\ 7$$

将 a、b 代入式（5.1）即得体重对肺活量的回归直线方程：

$$\hat{y} = 0.001\ 7 + 0.058\ 8x$$

回归系数 $b = 0.058\ 8$，说明在该试验条件下，体重每增加 1kg，肺活量增加 0.058 8。

5.4　一元线性回归的数学模型

上面，我们用最小二乘法作了直线拟合，这仅仅是对样本观察值的描述，为了研究拟合的统计性质，我们还必须对产生这个样本的总体进行讨论。

一元线性回归的数学模型可表示为：

$$y = f(x) + \varepsilon \tag{5.10}$$

在这个模型中，假定 x 是没有误差（或误差很小，可以忽略）的给定的自变量，而 y 是随机变量。也就是说，假设试验可以在 x 的每一个值上重复多次，虽然在各次重复试验中 x 值是固定的，由于 ε 的存在我们却观察不到完全相同的 y 值，y 值是一个波动的量，形成一个有中心值的总体。对于这个总体，我们还要作出几点假定（如图 5.3 所示）：

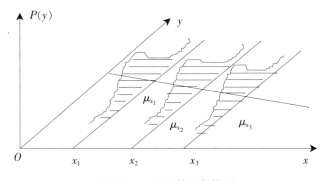

图 5.3　一元线性回归模型

（1）对任一 x 值，都存在一个 y 总体，这些总体的概率分布 $P(y)$ 都是正态分布，它们相互独立，但有相同的方差 σ_{yx}^2，即设 $y_i \sim N(\mu_{x_i},\ \sigma_{yx}^2)$。

（2）对任一 x 值，都假定：

$E(y_i) = \mu_{x_i} = \alpha + \beta_{x_i}$，也就是说，假定期望值 $E(y_i)$ 是在同一直线上，这就是真实（总体）回归线。

一元线性回归问题实质上就是用线性函数 $\alpha + \beta x$ 来表达 y 的数学期望 μ 的问题，

根据这个假设，y 的数学模型可改写为：

$$y = \alpha + \beta x + \varepsilon \tag{5.11}$$

式中，$\alpha = \bar{y} - \beta\bar{x}$，$\varepsilon \sim N(0, \sigma_{yx}^2)$，则 $y = \bar{y} + \beta(x - \bar{x}) + \varepsilon$。

（3）观测值 (x, y) 只是总体中的随机样本。由样本可得到上式中 α、β、σ_{yx}^2 的估计值 a、b、σ_{yx}^2，而 $\hat{y} = a + bx$ 就是 $\alpha + \beta x$ 的估计值，这就是式（5.1），它称为 y 对 x 的一元线性回归方程，其图形称为回归直线。

（4）如 x、y 都是随机变量，就成为相关模型。

弄清上述模型和假定，将有助于我们对回归问题的正确理解和运用。

5.5　回归参数及误差项的估计值的统计性质

由上面对数学模型的讨论我们知道，直线回归方程中的 a、b 就是总体回归方程中的参数 α、β 的最小二乘估计值。

可以证明：

$$
\begin{cases}
E(a) = \alpha & (5.12) \\[2ex]
V(a) = \sigma_{yx}^2 \left(\dfrac{1}{n} + \dfrac{\bar{x}^2}{\sum (x - \bar{x})^2} \right) & (5.13) \\[2ex]
E(b) = \beta & (5.14) \\[2ex]
V(b) = \dfrac{\sigma_{yx}^2}{\sum (x - \bar{x})^2} & (5.15)
\end{cases}
$$

由式（5.12）、（5.14）可知，a、b 分别是 α、β 的无偏估计值，这是最小二乘估计的一个重要性质。

a、b 取值的波动程度由其方差可以看出。式（5.15）表明，b 的波动大小不仅与误差的方差 σ_{yx}^2 有关，还与 x 有关，如果 x 取值范围较大，则 b 的波动就小，估计就较精确，反之就差。这是我们安排试验时应注意的。

至于 a 的方差，除与 σ_{yx}^2、x 有关外，还与数据数 n 有关，数据多，x 取值范围大，估计就精确。

从上面分析中还可看到，直线回归的精确度很大程度上是受误差方差 σ_{yx}^2 影响的。可以证明，σ_{yx}^2 的估计值是：

$$S_{yx}{}^2 = \frac{Q}{n-2} = \frac{\sum (y - \hat{y})^2}{n-2} \tag{5.16}$$

$$S_{yx} = \sqrt{\sigma_{yx}{}^2} \tag{5.17}$$

称为离回归估计标准差。式中 Q 就是我们用最小二乘法求回归系数时的离差平方和，称为"离回归平方和"或"剩余平方和"。由于求 a、b 建立回归方程时引入了两个线性约束条件：

$$\sum (y - \hat{y}) = 0 \qquad \sum (y - \hat{y})x = 0 \tag{5.18}$$

减少了两个自由度，所以剩余平方和的自由度为 $(n-2)$。

显然，S_{yx} 反映了平均偏差程度，若各个观测值越靠近回归线，S_{yx} 的值越小，反之就越大。若观测值全部重合在线上，则 $S_{yx} = 0$。可见 S_{yx} 是反映回归精度的重要估计值。

用 $S_{yx}{}^2$ 代替 $\sigma_{yx}{}^2$，可得：

$$S_b{}^2 = \frac{S_{yx}{}^2}{\sum (x - \bar{x})^2} \tag{5.19}$$

$$S_a{}^2 = S_{yx}{}^2 \left(\frac{1}{n} + \frac{\bar{x}^2}{\sum (x - \bar{x})^2} \right) \tag{5.20}$$

5.6 直线回归假设的检验 (test of the null Hypothesis)

任何点 (x, y) 的散布图都可按上述方法计算出一条直线方程，不论那些点是否真的靠近一条直线；换句话说，即使 x，y 的变化相互间毫无关系，也可以算出一条直线，但这条直线实际上是毫无意义的。所以对于样本的回归方程，必须检验它代表的是否真是直线回归关系。统计假设的检验就是检验它是否来自毫不相关的总体。只有当这种概率 $\alpha < 0.05$（或 $\alpha < 0.01$）时，我们才能冒较小的风险（Type I error）确认其所代表的总体存在直线回归关系。这种直线回归显著性的检验，可由两种方法，即 t 法和 F 法（方差分析法）给出。

一、回归假设的 t 检验

若总体不存在直线回归关系，即 X 的值并不能控制 Y 时，则总体回归系数 $\beta = 0$；若总体存在直线回归关系，则 $\beta \neq 0$。所以对直线回归假设的检验为：

$$H_0:\ \beta = 0 \qquad H_A:\ \beta \neq 0$$

从式（5.19）可知回归系数的样本标准差为：

$$S_b = \frac{S_{yx}}{\sqrt{SS_x}}$$

因此：

$$t = \frac{b - \beta}{S_b} = \frac{b}{S_b} = \frac{b}{\dfrac{S_{yx}}{\sqrt{SS_x}}} \tag{5.21}$$

按 $df = n - 2$ 的 t 分布，故由 t 值可知样本回归系数 b 来自 $\beta = 0$ 总体的概率的大小。

二、回归假设的 F 检验——方差分析法（Ⅰ）

1. y 的平方和的组成（Components of SS of y）

从上述数学模型可知，在样本回归中，任一观测值 y 都由三部分组成：①样本平均数 $\bar{y}$（总体平均数 $\bar{Y}$ 的估值）；②由 x 引起的 y 的离均差 $b(x - \bar{x})$；③y 的随机误差 ε（见图5.4）。

$$y = \bar{y} + b(x - \bar{x}) + \varepsilon \tag{5.22}$$

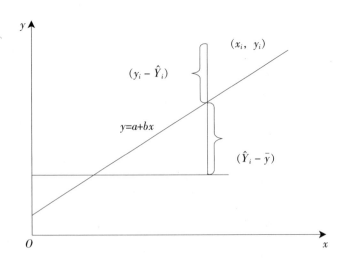

图5.4　y 在 x 上的回归，y 的变异来源

移项得 y 观测值的离均差：

$$y - \bar{y} = b(x - \bar{x}) + \varepsilon \tag{5.23}$$

上式两边平方并总计 n 个观测值，得平方和：

$$\sum (y_i - \bar{y})^2 = b^2 \sum (x_i - \bar{x})^2 + \sum \varepsilon_i^2 = u + Q \tag{5.24}$$

式中左边项为 y 的总（离均差）平方和，右边第一项 u 为回归平方和，第二项 Q 为剩余（误差）平方和。

即：y 的总平方和 = 回归平方和 u + 剩余（误差）平方和 Q。

2. F 检验

从上面可知 y 的总平方和可分解为回归平方和与剩余（误差）平方和两项，而总自由度 $n-1$ 也可分解为回归平方和的自由度 1 及剩余平方和的自由度 $n-2$，所以回归方差为：

$$\frac{u}{1} = u = \frac{(SP_{xy})^2}{SS_x}$$

剩余（误差）方差为：

$$\frac{Q}{n-2} = \frac{\sum \varepsilon^2}{n-2} = \frac{\sum (y - \hat{y})^2}{n-2} = S_{yx}^2 \tag{5.25}$$

要对回归假设进行检验，即要检验 x，y 之间是否存在线性回归关系。原假设是总体不存在直线回归关系，$H_0: \beta = 0$；而备择假设是 $\beta \neq 0$。要检验这个问题，一个很自然的想法是把回归平方和 u（线性影响）与剩余（误差）平方和 Q（其他影响）进行比较，如果比值大，表明 x 对 y 的线性影响大；反之，若比值小，则没有理由认为两者间存在线性关系。实际上，回归方差和剩余方差之比服从 F 分布（自由度 $V_1 = 1$，$V_2 = n-2$）：

$$F(1, n-2) = \frac{u}{\dfrac{Q}{n-2}} = \frac{b^2 \sum (x - \bar{x})^2}{S_{yx}^2}$$

或

$$= \frac{\dfrac{(SP_{xy})^2}{SS_x}}{S_{yx}^2} \tag{5.26}$$

取显著水准 $\alpha = 0.05$ 或 0.01，即可检验回归关系的显著性。

这种把平方和及自由度进行分解的方法就是方差分析法，其结果可归纳为表 5.3：

表 5.3　回归分析的方差分析表

S. V	SS	df	MS	F
回归（因素 X）	$u = \sum (\hat{y} - \bar{y})^2 = b^2 \sum (x - \bar{x})^2$ $= \dfrac{SP_{xy}^{\,2}}{SS_x}$	1	u	$u/S_{yx}^{\,2}$
剩余（随机因素）	$Q = \sum (y - \hat{y})^2 = SS_y - u$	$n-2$	$S_{yx}^{\,2} = \dfrac{Q}{n-2}$	
总和	$SS_y = \sum (y - \bar{y})^2 = u + Q$	$n-1$		

例 5.3　试检验例 5.2 体重与肺活量之间的回归系数的显著性。

表 5.4　体重与肺活量之间的回归关系的假设检验

S. V	SS	df	MS	F
回归	$(18.04)^2/306.67 = 1.061$	1	1.061	0.005**
剩余	0.828	10	0.082 8	
总和	1.889	11		

从表中计算 $F = 0.005 > F_{0.01}(1, 10) = 0.000\ 17$，表明体重与肺活量之间存在直线回归关系，即拒绝 $H_0: \beta = 0$ 的假设。

三、F 检验与 t 检验的关系

这两种检验的效果是完全一样的。因为在同一概率值下，$df_1 = 1$，$df_2 = n - 2$ 的一尾 F 值恰好等于 $df_2 = n - 2$ 的两尾 t 值的平方。

由式（5.21）得：

$$t = \frac{b}{S_b}$$

两边平方：

$$t^2 = \frac{b^2}{S_b^{\,2}} = \frac{b^2}{\dfrac{S_{yx}^{\,2}}{\sum (x - \bar{x})^2}} = \frac{b^2 \sum (x - \bar{x})^2}{S_{yx}^{\,2}} = F$$

如例 5.1：

$$t = \frac{b}{S_b} = \frac{53.31}{3.625} = 14.71^{**} \ (> t_{0.01}(8) = 3.36)$$

$$t^2 = \frac{b^2}{S_b^2} = \frac{b^2}{\dfrac{S_{yx}^2}{SS_x}} = \frac{(53.31)^2}{\dfrac{368.14}{27.985}} = 216.04 = F$$

所得的 t^2 值与 F 值完全一致。

必须注意，若直线回归检验不显著，仅表明该样本不是来自直线回归总体，但不排除它来自非直线回归总体的可能性。

四、一元线性回归假设的方差分析法（Ⅱ）——有重复试验的情况

当同一个 x 有 n 个观测值，即试验有重复时，回归假设的方差分析与前面讲到的有一些不同。我们先从例子谈起。

例 5.4　耕作机具的工作性能与土壤坚实度有很大关系，为研究土壤坚实度与旋耕机工作性能的关系，在试验土槽中进行了不同土壤坚实度与旋耕机功率消耗关系的试验（试验时旋耕机刀轴转速保持在 $n = 200 \text{r/min}$，测定扭矩）。每种土壤坚实度试验三次。

求回归直线时可以把同一个 x 对应的三个 y 值平均（y_i），三个点合并成一个点，24 个点合并成 8 个点。可以证明，这样求得的回归直线与用 24 个点拟合的回归直线是完全一样的。

下面按合并后的结果计算：

$$\sum x = 132.054 \qquad\qquad \sum y = 150.285 \qquad\qquad n = 8$$

$$\bar{x} = 16.506\,8 \qquad\qquad\quad \bar{y} = 18.785\,6$$

$$\sum x^2 = 2\,999.146 \qquad\quad \sum y^2 = 3\,787.254\,7 \qquad \sum xy = 3\,356.913\,0$$

$$\frac{(\sum x)^2}{n} = 2\,179.782\,4 \qquad \frac{(\sum y)^2}{n} = 2\,823.197\,7 \qquad \frac{\sum x \sum y}{n} = 2\,480.716\,9$$

$$SS_x = 819.363\,7 \qquad\quad SS_y = 964.057\,1 \qquad\quad SP_{xy} = 876.196\,1$$

$$b = \frac{SP_{xy}}{SS_x} = \frac{876.196\,1}{819.363\,7} = 1.069\,4$$

表 5.5　8 种不同土壤坚实度下的旋耕机功率消耗试验

序号	1	2	3	4	5	6	7	8
土壤坚实度/（kgf/cm²）x_i	3.125	6.562 5	8.437 5	13.435	17.031 5	21.562 5	27.5	34.4
扭矩/（kg·m）y_{1i}	3.912	5.216	7.712	14.018	19.56	27.384	26.406	35.86
扭矩/（kg·m）y_{2i}	4.564	6.194	9.454	14.67	21.19	28.036	29.99	36.186
扭矩/（kg·m）y_{3i}	5.542	7.498	12.714	15.974	21.842	29.34	30.644	37.49
$\bar{y}_i$	4.673	6.303	9.78	14.887	20.864	28.253	29.013	36.512

$$a = \bar{y} - b\bar{x} = 18.785\ 6 - 1.069\ 4 \times 16.506\ 8 = 1.133$$

得回归方程：

$$\hat{y} = 1.133 + 1.069\ 4x$$

现在进行方差分析。由于这个设计，每个 x 值对应 3 个重复观测值 y，故可再析出误差项。

$$SS_T = SS_回 + SS_R + SS_e$$

即总平方和 = 回归平方和 + 剩余平方和 + 纯误差平方和。

自由度 df 为：

$$df = cn - 1 = 1 + (n - 2) + n(c - 1)$$

其中，c 为重复数。

各个平方和的定义式为：

$$SS_T = \sum_1^C \sum_1^n (y_{ij} - \bar{y})^2 \qquad (5.27)$$

$$SS_{回} = C \sum_1^n (\hat{y}_j - \bar{y})^2 \tag{5.28}$$

$$SS_e = \sum_1^C \sum_1^n (y_{ij} - \hat{y}_j)^2 \tag{5.29}$$

$$SS_R = C \sum_1^n (\bar{y}_j - \hat{y}_j)^2 \tag{5.30}$$

计算式为：

$$SS_T = \frac{\sum_1^C \sum_1^n (y_{ij})^2 - (\sum_1^C \sum_1^n y_{ij})^2}{Cn} \tag{5.31}$$

$$SS_{回} = C \cdot b \cdot SP_{xy} = Cb \left(\sum xy - \frac{\sum x \sum y}{n} \right) \tag{5.32}$$

$$SS_R = C(SS_y - b \cdot SP_{xy}) \tag{5.33}$$

$$SS_e = SS_T - SS_R - SS_{回} \tag{5.34}$$

在本例中：

$$SS_T = \frac{11\,400 - (450.856)^2}{24} = 2\,930.369\,5$$

$$SS_{回} = C \cdot b \cdot SP_{xy} = 2\,811.012\,3$$

$$SS_R = 3 \times (964.057\,1 - 1.069\,4 \times 876.196\,1) = 81.159$$

$$SS_e = SS_T - SS_R - SS_{回} = 38.198\,2$$

将结果列成方差分析表如下：

表 5.6　一元回归方差分析表

方差来源	SS	df	MS	F
回归	2 811.012 3	1	2 811.012 3	1 177.436 6 **
剩余	81.159	6	13.526 5	5.665 8 **
误差	38.198 2	16	2.387 4	
总计	2 930.369 5	23		

进行 F 检验：

（1）将剩余均方对误差方差作 F 检验：

$$F_1 = \frac{\dfrac{SS_R}{df_R}}{\dfrac{SS_e}{df_e}} = 5.665\ 8^{**}$$

$$(F_1 > F_{(0.01, 6, 16)} = 4.20)$$

这个检验的结果非常显著，这说明，在偏差平方和中，除了 x 的一次项引起的部分外，一些其他原因引起的变化相对于试验误差来说也是不能忽视的。这些原因可能是：

①影响因变量 y 的除 x 外尚有至少一个我们在试验时并没控制住但又不能算作是随机误差的因素存在；

②x 和 y 可能是曲线关系，不能配直线；

③y 和 x 无关。

这时用一元线性回归方程来描述实际过程是有缺陷的，还需要作第二步检验。

（2）将回归方差对误差方差作 F 检验：

$$F_2 = \frac{MS_{回}}{MS_e} = 1\ 177.436\ 7^{**}$$

$$(F_2 > F_{(0.01, 6, 16)} = 8.53)$$

结果非常显著，这时我们可将剩余平方和与误差平方和合并，再作新的检验：

$$F_2 = \frac{MS_{回}}{\dfrac{SS_R + SS_e}{df_R + df_e}} = \frac{2\ 811.012\ 3}{5.425\ 3} = 518.13^{**} \qquad (5.35)$$

$$(F_2 > F_{(0.01, 6, 16)} = 7.95)$$

结果也非常显著。这说明，不论是相对于试验误差，还是相对于试验误差以及其他原因引起的误差的总和来说，x 的一次项的影响还是重要得多的。如果这些误差还在允许的范围内的话，我们就可以用一元线性回归方程来描述上述试验过程。

如果要求很高，就可以重新选择回归模型，重作回归线。

可见，在 F_1 显著时，不能一概否定所作的回归直线，需要作具体分析。

（3）作 F_1 检验时，如果不显著，我们也可以如式（5.35）那样将误差平方和与剩余平方和合并（自由度也合并）后作 F_2 检验，这样做能提高检验精度。

（4）如果 F_2 不显著，说明 x 和 y 间没有什么关系，或者试验误差太大，没办法说明问题。这时就需要重新研究。

可见，只有做了重复试验，我们才能对回归方程的效果有比较准确的认识。否则，就只能做出大致的判断。

5.7　相关检验

相关模型，或称双变数正态总体模型，是用来度量两个随机变量关系密切的程度。对于相关模型，本书不准备做深入研究。但其中相关系数的概念，却可以用来对回归假设进行检验，同时，以后的计算中也可能用到。

1. 相关系数（correlation coefficient）

从回归系数的公式

$$b = \frac{\sum (x - \bar{x})(y - \bar{y})}{\sum (x - \bar{x})^2}$$

得知乘积和为 $\sum (x - \bar{x})(y - \bar{y}) = b \sum (x - \bar{x})^2$。从前面的讨论已知回归系数 b 的大小及正负的变化反映了直线相关的程度和性质（正、负），而 $\sum (x - \bar{x})^2$ 只是一定量的正值，所以乘积和 $\sum (x - \bar{x})(y - \bar{y})$ 也同样可以反映出直线相关的程度和性质，它也是线性相关的一种量度。

但是，x 和 y 乘积和的大小受其所取的单位和观测对数 n 的多少的影响，观测样本数大，乘积和就大；观测所用的数字单位大，乘积和也大。这样就难以取得一致的标准来测量相关程度的大小，必须消除这种绝对数值的影响。方法是将离均差转换为以各自的标准差为单位的标准化离差乘积和（请读者回顾标准差的原理和正态分布的原理），再以其观测对数 n 除之（平均状态），即得一个相对的、量度相关的系数。因此，可定义双变数总体的相关系数 ρ 为：

$$\rho = \frac{1}{n} \sum_1^n \left[\frac{(x - \bar{x})}{\sigma_x} \cdot \frac{(y - \bar{y})}{\sigma_y} \right]$$

$$= \frac{\frac{1}{n} \sum_1^n (x - \bar{x}) \cdot (y - \bar{y})}{\sigma_x \sigma_y} \tag{5.36}$$

$$\text{或} \qquad = \frac{\text{cov}(x, y)}{n\, \sigma_x\, \sigma_y} \qquad\qquad (5.37)$$

取样本的相关系数为：

$$r = \frac{\sum (x-\bar{x})(y-\bar{y})}{\sqrt{\sum (x-\bar{x})^2 \cdot \sum (y-\bar{y})^2}} = \frac{SP_{xy}}{\sqrt{SS_x \cdot SS_y}} \qquad (5.38)$$

上述结果，是用直观的方法建立起来的。

2. 相关系数 r 与回归的关系

相关系数 r 也可以用来讨论回归模型的问题。

$SS_y = \sum (y-\bar{y})^2$ 在回归分析时可分成两个部分：剩余平方和 $Q = \sum (y-\hat{y})^2$ 和回归平方和 $u = \sum (\hat{y}-\bar{y})^2 = (SP_{xy})^2/SS_x$，即：

$$\sum (y-\bar{y})^2 = \sum (y-\hat{y})^2 + \sum (\hat{y}-\bar{y})^2$$
$$SS_y = Q + u$$

其中 Q 可用间接法求得：

$$\begin{aligned} Q &= SS_y - u = \sum (y-\bar{y})^2 - \sum (\hat{y}-\bar{y})^2 \\ &= SS_y - \frac{\left[\sum (x-\bar{x})(y-\bar{y})\right]^2}{\sum (x-\bar{x})^2} \end{aligned}$$

由上式可知误差 Q 的大小（即回归配合得好不好），也可以间接由回归平方和 u 占总平方和的比例的大小看出。回归占的比例越大，误差部分 Q 越小，配合就越好，即：

$$\begin{aligned} \frac{u}{SS_y} &= \frac{\dfrac{\left[\sum (x-\bar{x})(y-\bar{y})\right]^2}{\sum (x-\bar{x})^2}}{\sum (y-\bar{y})^2} \qquad\qquad (5.39\text{A}) \\ &= \frac{\left[\sum (x-\bar{x})(y-\bar{y})\right]^2}{\sum (x-\bar{x})^2 \sum (y-\bar{y})^2} = r^2 \end{aligned}$$

这个式子就是式（5.38）相关系数 r 的平方。可见，相关系数也可以用作回归模型的配合适度的量度。

$$r = \sqrt{\frac{u}{SS_y}} = \sqrt{\frac{u}{u+Q}} \qquad\qquad (5.39\text{B})$$

如 $Q \to 0$，则 $r \to \pm 1$，$u \to 0$，则 $r \to 0$，得 r 的取值范围为 $[-1, +1]$。

又：
$$u = r^2 SS_y \tag{5.39C}$$
$$Q = (1 - r^2) SS_y \tag{5.39D}$$

两个变数的相关程度取决于 $|r|$ 值，$|r|$ 越接近于 1，相关越密切；$|r|$ 越接近于 0，越无线性关系，参见图 5.5。这对两种模型都是成立的。

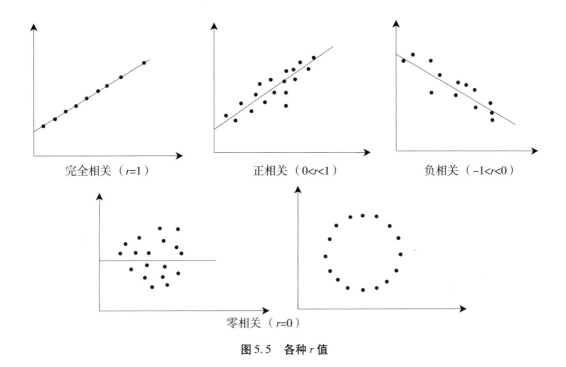

图 5.5　各种 r 值

3. 相关系数的假设检验

由于相关系数是从样本计算的，所以它也有抽样误差。在 $\rho = 0$ 的双变数总体中抽取样本，由于有抽样误差，r 并不一定等于 0，其假设的检验为 $H_0: \rho = 0$，$H_A: \rho \neq 0$。

相关系数的标准差为：

$$S_r = \sqrt{\frac{1 - r^2}{n - 2}} \tag{5.40}$$

故：

$$t = \frac{r - \rho}{S_r} = \frac{r}{\sqrt{\dfrac{1 - r^2}{n - 2}}} \tag{5.41}$$

在 $\rho = 0$ 时服从 $v = n - 2$ 的 t 分布。相关系数检验表给出了在不同自由度下达到显著水平（5%、1% 等）的 r 值。查表即知 r 是否显著，不必计算 t 值及查 t 表。

例 5.5 计算例 5.1 拖拉机牵引力与速度的相关系数并检验其显著与否。

从该例资料的计算中知：

$$\sum (x - \bar{x})(y - \bar{y}) = 1\ 492, \quad SS_x = 27.985, \quad SS_y = 82\ 490$$

代入式（5.38），得：

$$r = \frac{1\ 492}{\sqrt{27.985 \times 82\ 490}} = 0.982$$

假设检验：$n = 10$，$df = 10 - 2 = 8$。

查表得：$r_{0.05} = 0.632$，$r_{0.01} = 0.765$，现 $r = 0.982 > 0.765$。

故牵引力与速度的相关极显著（即 $H_0 : r = \rho = 0$ 被否定）。

对于同一资料来说，相关显著，回归亦必显著；相关不显著，回归亦不显著。因此，相关系数也可用于检验回归系数的显著性。在计算程序上，可以先计算相关系数，查表，如果显著可再算回归（回归不需再作显著性检验）；如果不显著就不必再算下去（配回归方程）了。

5.8　回归方程的稳定性及 y 值的预测和控制

所谓回归方程的稳定性是指在除 x 外其他实验条件不变的情况下，由不同的几批观测数据得到的回归方程的系数 b 和截距 a 的波动情况及由此得到的 $\hat{y}$ 的波动。也就是回归方程的取样变异情况。波动程度小，由 a、b、$\hat{y}$ 估计 α、β、y 的误差就小，回归方程就稳定；反之，就不稳定。当然取样误差愈小，稳定性愈好。

回归系数 b 的波动大小与它的标准差 S_b 有关，由式（5.19）有：

$$S_b = \frac{S_{yx}}{\sqrt{\sum (x - \bar{x})^2}}$$

用 b 估计 β 时，回归系数 b 对回归总体的 β 的离差 $(b - \beta)/S_b$ 遵循 t 分布（分子自由度 $= 1$，以回归系数的标准误差为单位的离差），具有 $df = n - 2$ 个自由度，故对总体回归系数 β 的估值 95% 的置信区间（confidence interval for β）为：

$$b \pm t_{0.05}S_b = \frac{b \pm t_{0.05}S_{yx}}{\sqrt{\sum (x - \bar{x})^2}} \tag{5.42}$$

或　　　　　　　　$L_1 = b - t_{0.05}S_b$ ，$L_2 = b + t_{0.05}S_b$

例 5.1 拖拉机牵引力与速度关系的回归系数的 95% 置信区间为：

$$S_b = 3.627$$
$$L_1 = 53.31 - 2.306 \times 3.627 = 44.946$$
$$L_2 = 53.31 + 2.306 \times 3.627 = 61.674$$

从式（5.42）中得知 b 的波动区间的大小不仅与反映随机因素对 y 的影响程度的 S_{yx}（或记为 S_e）有关，而且还取决于自变量 x 的取值范围，若 S_{yx} 不变，而 x 的变差较大（即变动范围较广），则所算出的 b 的标准误差（S_b）就较小，从而 b 的估计就较精确；反之，如原始数据是从一个较小范围内取样的，估计标准误差（S_b）就较大，b 的估计就不够精确。

同样，截距 a 也有取样误差，它的波动大小与 S_a 有关，由式（5.20）有：

$$S_a = S_{yx}\sqrt{\frac{1}{n} + \frac{\bar{x}}{SS_x}}$$

$(a - \alpha)/S_a$ 亦遵循 $df = n - 2$ 的 t 分布。所以对总体 a 估计的 95% 置信区间为：

$$a \pm t_{0.05}S_a = a \pm t_{0.05}S_{yx}\sqrt{\frac{1}{n} + \frac{\bar{x}}{SS_x}} \tag{5.43}$$

或　　　　　　　　$[L_1 = a - t_{0.05}S_a$ ，$L_2 = a + t_{0.05}S_a]$

从式（5.43）可知 a 波动区间的大小不仅与 S_{yx} 和 SS_x 有关，而且与观测个数 n 有关。n 越大，S_a 越小，精度也就越高。

下面再讨论 $\hat{y}$ 的波动情况。

由回归数学模型可知：

$$y = \alpha + \beta x + \varepsilon = \mu_x + \varepsilon$$

式中： $\qquad\qquad\qquad \mu_x = \alpha + \beta x, \quad \varepsilon \sim N(0, \ \sigma_{yx}^2)$

又有： $\qquad\qquad E(\hat{y}) = E(a + bx) = E(a) + xE(b) = \alpha + \beta x = \mu_x \qquad\qquad (5.44)$

可见，回归值 $\hat{y}$ 是 μ_x 的无偏估计，其估计标准差为：

$$\hat{S}_{yx} = S_{yx} \sqrt{\frac{1}{n} + \frac{(x - \bar{x})^2}{SS_x}} \qquad\qquad\qquad (5.45)$$

$\hat{S}_{yx}$ 的大小反映了 $\hat{y}$ 的波动情况，它是 a、b 波动的综合表现。

因此，由 $\hat{y}$ 来估计 μ_x 时，μ_x 的 95% 置信区间为：

$$\left[L_1 = \hat{y} - t_{0.05} \hat{S}_{yx}, \ L_2 = \hat{y} + t_{0.05} \hat{S}_{yx} \right]$$

下面研究 y 的预测问题，即根据一定的 x 值估计 y 的取值问题。

上面已经计算了用 $\hat{y}$ 估计 μ_x 时的标准差 $\hat{S}_{yx}$，然而，由数学模型：

$$y = \alpha + \beta x + \varepsilon = \mu_x + \varepsilon \qquad\qquad \varepsilon \sim N(0, \ \sigma_{yx}^2)$$

对任一 x_i，y_i 并不只是一个对应值，而是一个以 μ_{x_i} 为中心，方差为 σ_{yx}^2 的正态分布总体（如图 5.6），且有：

在 $\mu_{x_i} \pm \sigma_{yx}^2$ 区间内有 y_i 总体中的 68.27% 个点；

在 $\mu_{x_i} \pm 2\sigma_{yx}$ 区间内有 y_i 总体中的 95.45% 个点；

……

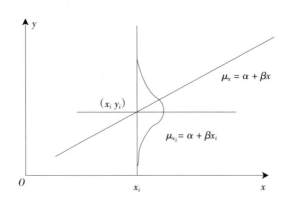

图 5.6 y 在 x 上的对应值

于是，我们在根据 $\hat{y}$ 值来预测 y 值时，其方差就由 $\hat{y}$ 估计 μ_x 的方差及 y 对 μ_x 的方差两部分组成。可得：

$$S_y = S_{yx}\sqrt{1 + \frac{1}{n} + \frac{(x - \bar{x})^2}{SS_x}} \tag{5.46}$$

因此，y 的 95% 置信区间为：

$$\left[L_1 = \hat{y} - t_{0.05}S_y, \ L_2 = \hat{y} + t_{0.05}S_y\right] \tag{5.47}$$

式（5.46）表明，根据平均方程预测 y 值时，其精度实际与 x 之离均差 $x - \bar{x}$ 有关，越靠近平均数，$\bar{x}$ 精度越差。如图 5.7 中直线所示为回归直线，靠近回归直线的两条虚线表示 $\hat{y}$ 的波动范围。

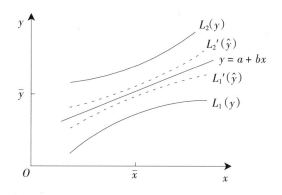

图 5.7　回归值 $\hat{y}$ 与预报值 y 的波动示意图

由式（5.46）还可看到，当 n 相当大，且 x 离 $\bar{x}$ 较近时，可认为式中根号内近似等于 1，S_y 就可近似地用 S_{yx} 表示。此时图中的曲线比较直，从而可用直线来近似表示。这时置信区间就近似为：

$$\left[L_1 = \hat{y} - t_{0.05}S_{yx}, \ L_2 = \hat{y} + t_{0.05}S_{yx}\right] \tag{5.48}$$

如在例 5.1 中，拖拉机牵引力与速度的关系所配的回归直线，经计算 S_{yx} 为：

$$S_{yx} = S_e = 19.2\text{kg}$$

其 95% 预测区间为：

$$L_1 = 362.08 - 2 \times 19.2 + 53.31x$$
$$= 323.68 + 53.31x$$
$$L_2 = 362.08 + 2 \times 19.2 + 53.31x$$
$$= 400.48 + 53.31x$$

这两条直线即图 5.2 中所画的虚线。

可见，样本 S_{yx} 值是预测回归精确度的标志，S_{yx} 愈小，由回归方程估计 y 的准确度愈高。一个回归能不能有助于解决实际问题，只要比较 S_{yx} 与允许的偏差即可。

至于控制问题，实际上是预测问题的逆问题。也就是说，在一定置信度下，应控制 x 在什么变化范围，才能使 y 的值落在某个允许的范围内。

设置信限为 $100(1-\alpha)\%$，由式（5.48）可知，y 值上下限的近似值为：

$$L_1 = \hat{y} - t_\alpha S_{yx} = a + bx - t_\alpha S_{yx} \tag{5.49}$$
$$L_2 = \hat{y} + t_\alpha S_{yx} = a + bx + t_\alpha S_{yx} \tag{5.50}$$

由此两式解出 x_2，x_1 就可作为控制 x 取值的上下限。

如在例 5.1 中，假如我们希望拖拉机的牵引力不要大于 650kg，以防损坏，则可由 $L_2 = 362.08 + 53.31x_2 + 2 \times 19.2 = 650$，解出：$x_2 = 4.68$。

即拖拉机的前进速度应控制在 4.68km/h 以内。

5.9　两条回归直线的比较

在对试验结果进行分析时，往往需要对两种条件下得到的试验数据所作的回归方程进行比较，看看两者是否有显著差异。

设从两批试验数据中，得到：

$$y_1 = a_1 + b_1 x \qquad y_2 = a_2 + b_2 x$$

现在要比较 b_1、b_2 是否有显著差异。即：

设有两个直线回归样本，分别具有样本回归系数 b_1、b_2 和总体回归系数 β_1、β_2，则检验 b_1 和 b_2 的差异显著性时，可假设：

$$H_0: \beta_1 - \beta_2 = 0, \quad H_A: \beta_1 - \beta_2 \neq 0$$

两个样本的"回归系数的差数标准差（误）"$S_{b_1 - b_2}$为：

$$S_{b_1 - b_2} = \sqrt{\frac{S_{yx}^{2}}{SS_{x_1}} + \frac{S_{yx}^{2}}{SS_{x_2}}} \tag{5.51}$$

式（5.51）中的 $SS_{x_1} = \sum (x_1 - \bar{x}_1)^2$ 和 $SS_{x_2} = \sum (x_2 - \bar{x}_2)^2$ 分别为两个样本 x 变数的平方和，S_{yx}^{2} 为两个样本回归估计标准差的合并方差，其值为：

$$S_{yx}^{2} = \frac{Q_1 + Q_2}{(n_1 - 2) + (n_2 - 2)} \tag{5.52}$$

上式中 Q_1 和 Q_2 分别为两个样本的离回归平方和，n_1、n_2 分别为两个样本成对观察值的数目（对数）。

由于 $(b_1 - b_2)/S_{b_1 - b_2}$ 遵循 $df = (n_1 - 2) + (n_2 - 2)$ 的 t 分布，故由

$$t = \frac{|b_1 - b_2|}{S_{b_1 - b_2}}$$

可检验 $\beta_1 - \beta_2 = 0$ 的总体中获得现在 $b_1 - b_2 \neq 0$ 的样本概率。

例5.6 在研究旋耕机的功率消耗与土壤坚实度的关系时，使用不同的旋耕机刀片做了两组试验，结果如表5.7所示，试对两组数据进行回归分析并比较它们是否有明显差异。

表5.7 不同土壤坚实度下旋耕机功率消耗试验

序号	1	2	3	4	5	6	7	8
土壤坚实度/ (kgf/cm²) x_i	3.125	4.0625	8.4375	13.435	17.0315	21.5625	27.5	34.4
扭矩/ (kg·m) (21号刀) y_{1i}	4.673	6.303	9.78	14.887	20.864	28.253	29.013	36.512
扭矩/ (kg·m) (68号刀) y_{1i}	4.238	4.347	6.085	9.237	14.996	20.103		27.779

先计算两个回归方程：

68 号刀：

$$\sum x = 102.054 \qquad \sum y = 86.785$$

$$\bar{x} = 14.579\ 1 \qquad \bar{y} = 12.397\ 9 \qquad n = 7$$

$$\sum x^2 = 2\ 216.333\ 6 \qquad \sum y^2 = 1\ 559.889\ 9 \qquad \sum xy = 1\ 850.817\ 6$$

$$\frac{(\sum x)^2}{n} = 1\ 487.859\ 8 \qquad \frac{(\sum y)^2}{n} = 1\ 075.948 \qquad \frac{\sum x \sum y}{n} = 1\ 265.250\ 9$$

$$SS_{x_2} = 728.473\ 7 \qquad SS_{y_2} = 483.941\ 9 \qquad SP_{xy_2} = 585.566\ 7$$

$$b_2 = \frac{SP_{xy_2}}{SS_{x_2}} = \frac{585.566\ 7}{728.473\ 7} = 0.803\ 9$$

$$a_2 = \bar{y} - b\bar{x} = 12.397\ 9 - 0.803\ 9 \times 14.579\ 1 = 0.677\ 3$$

$$\therefore \quad \hat{y} = 0.679\ 2 + 0.803\ 9x$$

$$Q_2 = SS_{y_2} - u_2 = SS_{y_2} - b_2 SP_{xy_2} = 13.264\ 8$$

21 号刀：

$$\hat{y} = 1.133 + 1.069\ 4x$$

$$SS_{x_1} = 819.363\ 7 \qquad SS_{y_1} = 964.057\ 1 \qquad SP_{xy_1} = 876.196\ 1$$

$$Q_1 = SS_{y_1} - u_1 = SS_{y_1} - b_1 SP_{xy_1} = 27.053$$

再检验 b_1 与 b_2 的差异：

代入式 (5.52)，计算混合的剩余方差：

$$S_{yx}^2 = \frac{Q_1 + Q_2}{(n_1 - 2) + (n_2 - 2)} = \frac{27.053 + 13.264\ 8}{6 + 5} = 3.665\ 3$$

代入式 (5.51)：

$$S_{b_1 - b_2} = \sqrt{\frac{S_{yx}^2}{SS_{x_1}} + \frac{S_{yx}^2}{SS_{x_2}}} = \sqrt{\frac{3.665\ 3}{819.363\ 7} + \frac{3.665\ 3}{728.473\ 7}} = 0.097\ 5$$

$$t = \frac{|1.069\ 4 - 0.803\ 9|}{0.097\ 5} = 2.723\ 1$$

$$df = n_1 + n_2 - 4 = 11$$

查 t 表 $t_{0.05,11}=2.20$，现 $t=2.7231>t_{0.05,11}$，故两回归系数有显著的差异，说明刀片不同对功率消耗是有影响的，所以不同的刀片应该用不同的公式表示，否则，用公式来预测刀片功率消耗的准确度会降低。

反过来说，如果两回归系数差异不显著，则可求其公共的回归系数，在这种情况下，即求两回归系数的加权平均值（以 SS_{x_1} 和 SS_{x_2} 加权）：

$$\bar{b}_{1+2}=\frac{b_1(SS_{x_1})+b_2(SS_{x_2})}{SS_{x_1}+SS_{x_2}}$$
$$=\frac{SP_{x_1y_1}+SP_{x_2y_2}}{SS_{x_1}+SS_{x_2}} \tag{5.53}$$

注意，这是加权平均，$\bar{b}_{1+2}\neq\dfrac{b_1+b_2}{2}$。

5.10　一元非线性回归（可化为线性回归的问题）

两个变量有时并不是直线关系，而是某种曲线关系。曲线回归问题，有时可以通过变数转换，转化为直线回归问题来解决。

对试验数据配曲线，一般可分以下两步进行：

（1）选择 x 和 y 间内在关系的函数类型（曲线类型）。

其中又分两种情况：一种是根据专业知识，从专业理论上推导，或根据以往积累的实际经验，可以确定两个变量间的函数类型。例如，由机器地面力学的专业知识可知，拖拉机、收割机等农具，以及坦克、装甲车等战车通过松软的地面时，土壤的承压强度 p 与土壤的深度 Z 成幂函数关系，即 $p=kZ^n$。另一种情况是根据理论或经验无法推知 x 与 y 关系的函数类型。此时只有根据实际试验数据，从散点图的分布形状及特点选择恰当的曲线来拟合这些试验数据。

（2）确定 x 与 y 相关函数中的未知参数。

确定函数类型后，下一步就需确定函数关系式中的未知参数。如在上述的土壤承压试验中，确定了 p 与 Z 为幂函数关系后，进一步就需根据试验数据确定其中的 k 与 n 两个参数。

确定未知参数最常用的方法仍是最小二乘法。对许多函数类型都先通过变量转换，把非线性函数关系化为线性关系，然后才用上几节介绍的方法。这就是化曲线为直线的回归问题。

例 5.7 用 sy – 1 型水田静栽式承压仪测得某水田的承压特性数据如下：

表 5.8 土壤承压特性数据

序号	1	2	3	4	5	6	7	8	9
Z/cm	1	2	3	4	5	6	7	8	9
P/ （kg/cm）	0.005	0.013	0.031	0.048	0.074	0.105	0.125	0.16	0.215

试配回归方程。

解：根据专业知识，先确定函数类型为幂函数 $p = kZ^n$。

第一步，方程两边取对数，得：

$$\ln p = \ln k + n\ln Z$$

令 $y = \ln p$，$a = \ln k$，$x = \ln Z$，则：

$$y = a + nx$$

成为直线型。于是将 Z 和 p 的数据分别取对数后就可按前述的直线回归方法计算。

第二步，确定未知参数 a、n。

先计算 $\bar{x}$，$\bar{y}$，SS_x，SS_y，SP_{xy}，得：

$$n = \frac{SP_{xy}}{SS_x} = 1.724$$

$$a = \bar{y} - b\bar{x} = -5.394$$

得：$\hat{y} = -5.394 + 1.724x$

即：$\ln p = -5.394 + 1.724\ln Z$

式中：$-5.394 = \ln k$

∴ $k = 0.005$

最后得：

$$\hat{p} = 0.005 Z^{1.724} \tag{5.54}$$

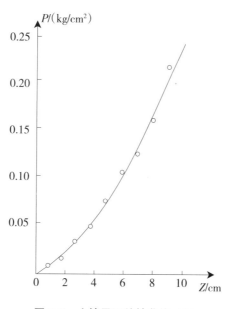

图 5.8　土壤承压特性曲线（1）

将曲线与试验数据画在图 5.8 上，可见回归方程基本上反映了两者之间的变化规律。把实测值与曲线上的计算值进行比较，情况如表 5.9 所示：

表 5.9　回归值与实测值对照表

回归值 $\hat{y}_i$	0.01	0.02	0.03	0.05	0.085	0.11	0.14	0.18	0.22
实测值 y_i	0.005	0.013	0.031	0.048	0.074	0.105	0.125	0.16	0.215

代入式（5.16），计算离回归标准差：

$$S_{yx} = \sqrt{\frac{1}{9-2}\sum_{i=1}^{9}(y_i - \hat{y}_i)^2}$$
$$= 0.006\ 4$$

$t_{0.05,9}S_{yx} = 2.26 \times 0.006\ 4 = 0.014\ 5$，说明用回归曲线［式（5.54）］预测土壤承压力的变化，95% 的误差在 $0.014\ 5\,kg/cm^2$ 范围内。

这里要注意，由于 x 和 y 作了变换，不能用式（5.25）来求 $S_{yx}{}^2$，那个公式只有当 x 和 y 是线性关系时才适用，对于曲线回归只能用式（5.16）直接计算。

以上是已知曲线类型的情况。假如我们事先并不知道曲线类型，则还要先根据数据点的散布情况，判断应选用哪种曲线。

例如，选用指数函数：

$$p = a \cdot b^{Z}$$

将上式两边取对数:

$$\ln p = \ln a + Z\ln b$$

令　$y = \ln p$　$a' = \ln a$　$b' = \ln b$

则　$y = a' + b'Z$

由此又化为直线回归。把原资料 y 取对数,按线性回归的公式进行计算即得:

$$b' = 0.435\ 96 \qquad a' = -5.121\ 5$$

$$\therefore \quad b = \mathrm{e}^{b'} = 1.546 \qquad a = \mathrm{e}^{a'} = 0.006$$

配得方程:　　　　　　　　　　$\hat{p} = 0.006(1.546^{Z})$ 　　　　　　　　　(5.55)

该曲线的形式如图 5.9 所示。

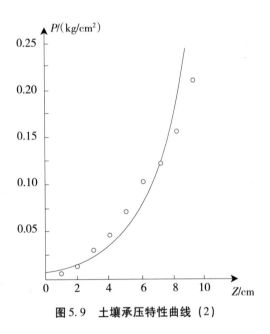

图 5.9　土壤承压特性曲线 (2)

和图 5.8 对照,图 5.9 的吻合程度就差些。用式 (5.55) 的回归值与实测值对照,情况如表 5.10 所示。

表 5.10　回归值与实测值对照表

回归值 $\hat{y}_i$	实测值 y_i	回归值 $\hat{y}_i$	实测值 y_i
0.009	0.005	0.816	0.105
0.014	0.013	0.126	0.125
0.022	0.031	0.195	0.16
0.034 1	0.047 5	0.302	0.215
0.052 8	0.073 5		

计算剩余标准误差：

$$S_{yx} = \sqrt{\frac{1}{n-2}\sum(y_i - \hat{y}_i)^2} = 0.037\ 9$$

S_{yx} 比配幂函数时大。可见还是幂函数更合适。

作为练习，还可以找一些其他形式的曲线（如双曲线等）来进行回归，并比较它们哪个更好。

选择合适的曲线类型并不是很容易的事，主要靠专业知识和经验来确定。如无经验，专业也不了解，可以依据数学知识来选择。图 5.10 列举了常用的几种曲线类型。

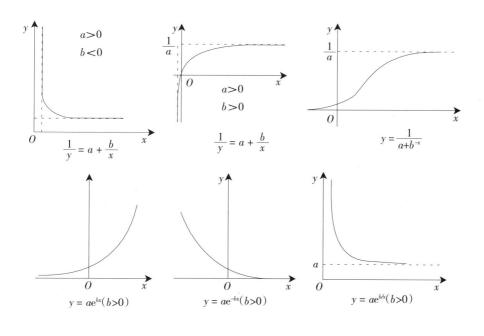

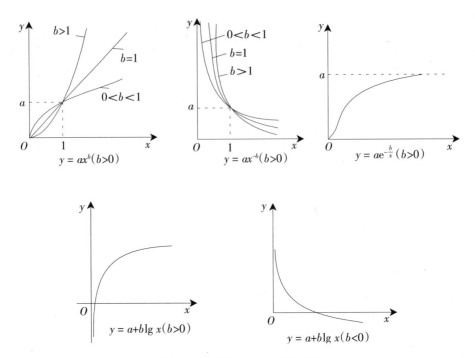

图 5.10 常用的非线性函数图形

这时通常是先作散布图，根据散布图的形状，结合一些已知函数的图形，试选一种基本趋势相符的曲线，然后按这种函数类型，再将经过变量转换的数据画在坐标纸上，看散布点在新的坐标系中是否有明显的线性趋势。如果结论是肯定的，就可进一步计算回归系数。

例如，在例 5.7 中，如果事先对土壤承压能力的规律一无所知，可先作散布图，图上的点的散布趋势似接近幂函数类型，则根据幂函数方程，令 $y = \ln p$，$x = \ln Z$，将资料化成 y 对 x 的关系式，如表 5.11 所示。

表 5.11 承压强度与土壤深度的关系

土壤深度 x	0	0.693	1.099	1.386	1.609	1.792	1.946	2.079	2.197
承压强度 y	−5.298	−4.343	−3.474	−3.047	−2.610	−2.254	−2.079	−1.833	−1.537

将各对 (x, y) 点绘成散布图，见图 5.11。

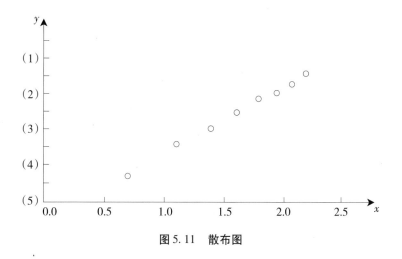

图 5.11　散布图

从图上可知各点散布的趋势基本上列成一条直线，故可采用幂函数配合。

5.11　加权回归

试验数据在整个实验中所处的地位有时并不是平等的，有的数据对 x、y 的关系影响较大，有的影响较小。原因有：①各数据具有不等的方差，方差大的可靠性差，方差小的可靠性高。可靠性高的数据，应该给予较高的地位。②有时一个数据是几次观测的平均值，而各个数据参加平均的原始数据不一样多，多的就应给予更多的重视。③数据转换时（如将曲线回归化为直线回归），往往将原来的地位平等的数据变得不平等。

碰到这些情况时，为了提高回归的精度，往往需要将各个数据按其重要性的不同，给予不同的权，这就是加权回归。

以一元线性回归为例，如果第 i 个数据的权为 P_i，则求回归方程 $\hat{y} = a + bx$ 时：

$$\begin{cases} b = \dfrac{\sum P_i x_i y_i - \dfrac{\sum P_i x_i \sum P_i y_i}{\sum P_i}}{\sum P_i x_i^2 - \dfrac{1}{\sum P_i}(\sum P_i x_i)^2} \\ a = \bar{y} - b\bar{x} \end{cases} \tag{5.56}$$

式中，$\bar{y} = (\sum P_i y_i)/\sum P_i$，$\bar{x} = (\sum P_i x_i)/\sum P_i$。

例 5.8　如前述，土壤承压能力随土壤深度变化的关系符合 $p = kZ^n$ 式，为了用这个公式对试验数据进行拟合，需要将它取对数，化为直线方程再求解。但进一步的研究表明，由于取对数，浅层土壤的数据受到不适当的加权，从而使结果产生偏差，应采用加权最小二乘法，用 P_i^2 作权来进行修正。由此得到求 n，k 的新公式为：

$$\begin{cases} n = \dfrac{\sum P_i^2 \cdot \sum P_i^2 \ln P_i \ln z - \sum P_i^2 \ln P_i \cdot \sum P_i^2 \ln z}{\sum P_i^2 \cdot \sum P_i^2 (\ln z)^2 - (\sum P_i^2 \ln z)^2} \\[3mm] \ln k = \dfrac{\sum P_i^2 \ln P_i - n \sum P_i^2 \ln z}{\sum P_i^2} \end{cases} \tag{5.57}$$

现有一组土壤压力沉陷实测数据。

表 5.12 土壤压力沉陷数据

序号	Z/cm	P/（kg/cm²）
1	1.5	0.1
2	4.7	0.2
3	9.6	0.3
4	13.3	0.4
5	15.27	0.5
6	16.83	0.6
7	18.6	0.7
8	19.67	0.8
9	20.77	0.9
10	21.8	1.0
11	22.73	1.1

按式（5.57）作加权回归，得：$P = 0.016 Z^{1.32}$。

若按不作加权的回归，得：$P = 0.057 Z^{0.80}$。

5.12 通过原点的回归

有时，从理论上或经验上知道，变量间的函数关系，其图形应该通过坐标原点。但是，由于试验数据的误差，如果仍按一般的模型（以一元回归为例），即

$$\hat{y} = a + bx \tag{5.58}$$

来回归，则得到的回归方程一般不会有 $a = 0$，即直线不通过原点。

为了达到目的，必须将模型改为

$$y = bx \tag{5.59}$$

即加上一个约束条件 $a = 0$。

根据最小二乘法，仍要使 $Q = \sum (y - \hat{y})^2 \rightarrow \min$。

但是，这时已经不是要在平面上任一直线 $y = a + bx$ 中来选取使 $Q \rightarrow \min$ 的那条直线了，而是要在通过原点的直线族 $y = bx$ 中来寻找使 $Q_1 \rightarrow \min$ 的直线。一般来说，当然有

$$Q \leqslant Q_1 \tag{5.60}$$

这时，由

$$\frac{\partial Q_1}{\partial b} = -2 \sum (y - bx)x = 0$$

得：

$$\sum xy - b \sum x^2 = 0$$
$$\therefore \quad b = \frac{\sum xy}{\sum x^2} \tag{5.61}$$

要注意，在一般回归问题中，可以证明回归直线 $y = a + bx$ 一定通过数据的平均值点 $(\bar{x}, \bar{y})$；但在过原点的回归中，却没有这个关系。一般来说，直线 $y = bx$ 并不通过点 $(\bar{x}, \bar{y})$，这是容易理解的，因为直线一定经过原点 $(0, 0)$，如果直线又一定经过点 $(\bar{x}, \bar{y})$ 的话，那么数据离散程度的变化就对回归直线没任何影响了，这显然是不合理的。

由于回归时对数据没有了 $\bar{y} = \frac{1}{n} \sum y_i$ 这一条线性约束，所以在作方差分析时，

总平方和自由度 = 观测数据的数目 n

剩余平方和自由度 $= n - 1$

这和普通回归是不一样的。

5.13 注意事项

在回归和相关分析中，必须注意下述问题，以防统计方法的误用。

（1）变量间是否存在相关的情况必须由具体学科本身的知识来决定，不能单凭数字的表面现象来决定。如将身长与肝炎（或某种特别的病）的发病率，或将某种星辰的出现与人的生、老、病、死等列为成对变量，求其相关变数，那是根本的错误。有时把风马牛不相及的资料列成回归或相关统计，也会获得某种相关数字，这叫偶然相关，无实质性的相关意义。

（2）要严格控制非主要对象的干扰。由于事物间存在相互联系与相互制约，某一事物的变化通常会受许多其他事物变化的影响。因此，如果研究事物 y 和另一事物 x 的关系，则要求对其他有关事物条件严加控制，否则，回归与相关分析的结果可能导致虚假的结论。例如研究插秧机插秧密度与产量的关系，其中品种、肥料、播种期等条件不同会影响产量，因此，这些条件的一致性必须得到严格的控制，才能较真实地反映插秧密度与产量的关系。

（3）为了提高回归及相关的准确性，两变数的成对观测个数应尽可能地多些，并使 x 变量的取值范围尽可能大些，一般应有 5 对以上的观察值。

（4）特别需要强调的是，回归方程的适用范围，一般仅局限于原来的观测数据的变化范围，不能随意外推。

第6章 多元线性回归

6.1 引言

在实际问题中，影响因变量的因素往往有多个，这类回归问题称为多元回归问题，本章讨论多元线性回归。

下面先以二元线性回归为例来说明。

设变量 y 与另外两个变量 x_1，x_2 的真实关系是线性的：

$$y = \beta_0 + \beta_1 x_1 + \beta_2 x_2 \tag{6.1}$$

假设进行了 n 次试验，得到一批数据，其中第 i 次试验的数据是 (y_i, x_{i1}, x_{i2})，$i = 1, 2, \cdots, n$，由于存在试验误差，数据的关系表达为：

$$y_i = \beta_0 + \beta_1 x_{i1} + \beta_2 x_{i2} + \varepsilon_i \tag{6.2}$$

和一元回归时一样，我们希望通过最小二乘法，找出 β_0，β_1，β_2 的估计值 b_0，b_1，b_2，使得误差 ε 的估计值

$$Q = \sum e_i^2 = \sum (y_i - b_0 - b_1 x_{i1} - b_2 x_{i2})^2 = \min$$

求偏导数并令：

$$\frac{\delta Q}{\delta b_0} = 0, \quad \frac{\delta Q}{\delta b_1} = 0, \quad \frac{\delta Q}{\delta b_2} = 0$$

得：
$$b_1 \sum (x_{i1} - \bar{x}_1)^2 + b_2 \sum (x_{i1} - \bar{x}_1)(x_{i2} - \bar{x}_2)$$
$$= \sum (x_{i1} - \bar{x}_1)(y_i - \bar{y}) \tag{6.3}$$
$$b_1 \sum (x_{i1} - \bar{x}_1)(x_{i2} - \bar{x}_2) + b_2 \sum (x_{i2} - \bar{x}_2)^2$$
$$= \sum (x_{i2} - \bar{x}_2)(y_i - \bar{y})$$
$$b_0 = \bar{y} - b_1 \bar{x}_1 - b_2 \bar{x}_2$$

解此方程组，即可得 b_0，b_1，b_2。

例6.1 为改进饲料粉碎机的性能，研究了筛片与机壳间的距离 x_1 以及粉碎室宽度 x_2 的变化对粉碎机生产率 y 的影响。得数据如表6.1所示，试配线性回归方程。

表6.1　试验数据

序号 n	1	2	3	4	5	6	7	8	9	10
x_1/mm	42	33	33	45	39	36	32	41	40	38
x_2/mm	272	226	259	292	311	183	173	236	230	235
y/（kg/h）	95	77	80	100	97	70	50	80	92	84

解：由试验数据可得：

$$\sum x_{i1} = 379 \qquad\qquad \sum x_{i1}^2 = 14\,533$$

$$\therefore \quad \sum (x_{i1} - \bar{x}_1)^2 = \sum x_{i1}^2 - \frac{(\sum x_{i1})^2}{n} = 168.9$$

$$\sum x_{i2} = 2\,417 \qquad\qquad \sum x_{i2}^2 = 601\,365$$

$$\sum (x_{i2} - \bar{x}_2)^2 = \sum x_{i2}^2 - \frac{(\sum x_{i2})^2}{n} = 17\,176.1$$

$$\sum x_{i1} x_{i2} = 92\,628$$

$$\therefore \quad \sum (x_{i1} - \bar{x}_1)(x_{i2} - \bar{x}_2) = \sum x_{i1} x_{i2} - \frac{\sum x_{i1} \sum x_{i2}}{n} = 1\,023.7$$

$$\sum y_i = 825 \qquad\qquad \sum x_{i1} y_i = 31\,726$$

$$\sum x_{i2} y_i = 204\,569$$

$$\therefore \quad \sum (x_{i1} - \bar{x}_1)(y_i - \bar{y}) = \sum x_{i1} y_i - \frac{\sum x_{i1} \sum y_i}{n} = 458.5$$

$$\sum (x_{i2} - \bar{x}_2)(y_i - \bar{y}) = \sum x_{i2} y_i - \frac{\sum x_{i2} \sum y_i}{n} = 5\,166.5$$

得：
$$\begin{cases} 168.9b_1 + 1\ 023.7b_2 = 458.5 \\ 1\ 023.7b_1 + 17\ 176.1b_2 = 5\ 166.5 \\ b_0 = \bar{y} - b_1\bar{x}_1 - b_2\bar{x}_2 \end{cases}$$

用消元法或行列式法，都能很容易地求出：

$$b_0 = -22.991\ 5 \qquad b_1 = 1.395\ 7 \qquad b_2 = 0.217\ 6$$

得回归方程：

$$\hat{y} = -22.991\ 5 + 1.395\ 7x_1 + 0.217\ 6x_2 \tag{6.4}$$

6.2　用矩阵法解多元线性回归方程

对于多元线性回归问题，最方便的表述及计算方法是矩阵法。

先来研究其数学模型。

假设变量 y 与其他 k 个变量 x_1, x_2, $\cdots$, x_k 的真实关系是线性的，即：

$$y = \beta_0 + \beta_1 x_1 + \beta_2 x_2 + \cdots + \beta_k x_k \tag{6.5}$$

现进行了 n 次试验，第 i 次试验的结果是：

$$(y_i, x_{i1}, x_{i2}, \cdots, x_{ik}) \qquad i = 1, 2, \cdots, n \tag{6.6}$$

由于试验误差的影响，这些数据并不能使式（6.5）成立，而是有如下结构形式：

$$y_i = \beta_0 + \beta_1 x_{i1} + \beta_2 x_{i2} + \cdots + \beta_k x_{ik} + \varepsilon_1$$
$$i = 1, 2, \cdots, n \tag{6.7}$$

式中，β_0, β_1, $\cdots$, β_k 是待估计的参数，x_1, x_2, $\cdots$, x_n 是可以精确测定或控制的一般变量，ε_1, ε_2, $\cdots$, ε_k 是相互独立且服从同一正态分布 $N(0, \sigma^2)$ 的随机变量。

将此关系式用矩阵形式写出：

$$y = \begin{pmatrix} y_1 \\ y_2 \\ \vdots \\ y_n \end{pmatrix} \qquad x = \begin{pmatrix} 1 & x_{11} & x_{12} & \cdots & x_{1k} \\ 1 & x_{21} & x_{22} & \cdots & x_{2k} \\ 1 & \vdots & \vdots & & \vdots \\ 1 & x_{n1} & x_{n2} & \cdots & x_{nk} \end{pmatrix}$$

$$\beta = \begin{pmatrix} \beta_0 \\ \beta_1 \\ \vdots \\ \beta_k \end{pmatrix} \qquad \varepsilon = \begin{pmatrix} \varepsilon_1 \\ \varepsilon_2 \\ \vdots \\ \varepsilon_n \end{pmatrix} \tag{6.8}$$

则式（6.7）可改写为矩阵形式：

$$y = x\beta + \varepsilon \tag{6.9}$$

为了估计参数 β，仍采用最小二乘法。设：

$$B = (b_0,\ b_1,\ \cdots,\ b_k)' = \begin{pmatrix} b_0 \\ b_1 \\ \vdots \\ b_k \end{pmatrix} \tag{6.10}$$

式中 b_0，b_1，$\cdots$，b_k 分别是 β_0，β_1，$\cdots$，β_k 的最小二乘估计，则回归方程为：

$$\hat{y} = b_0 + b_1 x_1 + b_2 x_2 + \cdots + b_k x_k \tag{6.11}$$

对于试验数据，仍有：

$$y_i = b_0 + b_1 x_{i1} + b_2 x_{i2} + \cdots + b_k x_{ik} + e_i \tag{6.12}$$

要确定 b_0，b_1，$\cdots$，b_k 的值，由最小二乘法，应使：

$$Q = \sum e_i^2 = \sum (y_i - \hat{y}_i)^2 = \sum (y_i - b_0 - b_1 x_1 - b_2 x_2 - \cdots - b_k x_k)^2 = \min$$

求各偏导数并令其为 0：

$$\begin{cases} \dfrac{\partial}{\partial b_0} Q = -2 \sum (y_i - \hat{y}_i) = 0 \\ \dfrac{\partial}{\partial b_j} Q = -2 \sum_{i=1}^{n} (y_i - \hat{y}_i) x_{ij} = 0 \end{cases} \tag{6.13}$$
$$(j = 1,\ 2,\ \cdots,\ k)$$

方程组 (6.13) 称为正规方程组, 可进一步化为:

$$\begin{cases} nb_0 + (\sum x_{i1})b_1 + (\sum x_{i2})b_2 + \cdots + (\sum x_{ik})b_k = \sum y_i \\ (\sum x_{i1})b_0 + (\sum x_{i1}^2)b_1 + (\sum x_{i1}x_{i2})b_2 + \cdots + (\sum x_{i1}x_{ik})b_k = \sum x_{i1}y_i \\ (\sum x_{i2})b_0 + (\sum x_{i2}x_{i1})b_1 + (\sum x_{i2}^2)b_2 + \cdots + (\sum x_{i2}x_{ik})b_k = \sum x_{i2}y_i \\ \qquad\qquad\qquad\qquad\qquad \vdots \\ (\sum x_{ik})b_0 + (\sum x_{ik}x_{i1})b_1 + (\sum x_{ik}x_{i2})b_2 + \cdots + (\sum x_{ik}^2)b_k = \sum x_{ik}y_i \end{cases}$$

令正规方程组的系数矩阵为 A, 则:

$$A = \begin{pmatrix} n & \sum x_{i1} & \sum x_{i2} & \cdots & \sum x_{ik} \\ \sum x_{i1} & \sum x_{i1}^2 & \sum x_{i1}x_{i2} & \cdots & \sum x_{i1}x_{ik} \\ \sum x_{i2} & \sum x_{i2}x_{i1} & \sum x_{i2}^2 & \cdots & \sum x_{i2}x_{ik} \\ \vdots & \vdots & \vdots & & \vdots \\ \sum x_{ik} & \sum x_{i1}x_{ik} & \sum x_{i2}x_{ik} & \cdots & \sum x_{ik}^2 \end{pmatrix}$$

常数项矩阵为 D:

$$D = \begin{pmatrix} d_0 \\ d_1 \\ \vdots \\ d_k \end{pmatrix} = \begin{pmatrix} \sum y_i \\ \sum x_{i1}y_i \\ \vdots \\ \sum x_{ik}y_i \end{pmatrix}$$

这样, 正规方程组可表示为:

$$AB = D \qquad\qquad (6.14)$$

解方程组, 求出矩阵 A 的逆矩阵 A^{-1}, 即可求出回归系数的最小二乘估计值:

$$B = A^{-1}D = CD \qquad\qquad (6.15)$$

可见, 求回归系数估计值的关键是求出正规方程组系数矩阵 A 的逆矩阵 C, 求逆的方法可参阅线性代数书籍, 不再赘述。

又：

$$A = \begin{pmatrix} 1 & 1 & 1 & \cdots & 1 \\ x_{11} & x_{21} & x_{31} & \cdots & x_{n1} \\ \vdots & \vdots & \vdots & & \vdots \\ x_{1k} & x_{2k} & x_{3k} & \cdots & x_{nk} \end{pmatrix} \begin{pmatrix} 1 & x_{11} & x_{12} & \cdots & x_{1k} \\ 1 & x_{21} & x_{22} & \cdots & x_{2k} \\ \vdots & \vdots & \vdots & & \vdots \\ 1 & x_{n1} & x_{n2} & \cdots & x_{nk} \end{pmatrix} = X'X \quad (6.16)$$

$$D = \begin{pmatrix} \sum y_1 \\ \sum x_{i1}y_i \\ \sum x_{i2}y_i \\ \vdots \\ \sum x_{ik}y_i \end{pmatrix} = \begin{pmatrix} 1 & 1 & \cdots & 1 \\ x_{11} & x_{21} & \cdots & x_{n1} \\ x_{12} & x_{22} & \cdots & x_{n2} \\ \vdots & \vdots & & \vdots \\ x_{1k} & x_{2k} & \cdots & x_{nk} \end{pmatrix} \begin{pmatrix} y_1 \\ y_2 \\ y_3 \\ \vdots \\ y_n \end{pmatrix} = x'y \quad (6.17)$$

式（6.16）、（6.17）揭示了正规方程组系数矩阵 A、常数项矩阵 D 与数据矩阵 y 及其结构矩阵 x 的关系，这对计算是有帮助的。

例6.2 合理的风量谷物比是根据热风温度、相对湿度以及稻谷的初始含水率来确定的，所以要对热风温度、相对湿度、稻谷的初始含水率以及合理风量谷物比之间的关系进行逐步回归，筛选对合理的风量谷物比有显著性水平的因素，试验数据如表6.2所示：

表6.2　试验数据

热风温度 t_α/℃	相对湿度 ϕ/%	稻谷初始含水率 M_0/%，d.b	合理风量谷物比 F/g·(kg·s)$^{-1}$
30	70	42.66	8.31
30	30	50.32	9.38
40	70	40.6	9.3
40	60	41.23	8.63
40	50	34.47	9.13
40	40	40.81	8.18
40	30	39.39	9.35
50	70	38.22	8.83
50	60	24.41	7.01
50	50	36.55	8.29

（续上表）

热风温度 t_a/℃	相对湿度 ϕ/%	稻谷初始含水率 M_0/% , d. b	合理风量谷物比 F/g·(kg·s)$^{-1}$
50	40	42. 89	8. 26
50	30	47. 72	8. 64
60	70	56. 6	8. 92
60	60	26. 9	6. 49
60	50	50. 1	7. 48
60	40	50. 95	9. 57
60	30	33. 33	7. 39
70	70	38. 52	7. 24
70	50	56. 15	8. 07
70	30	38. 18	7. 87
80	70	27. 76	4. 98
80	50	39. 51	6. 5
80	30	56. 8	8. 46

解：由试验数据可得：

$n = 23$ 　　　　　　　$\sum y_i = 186.28$ 　　　　　$\sum y^2 = 1\,536.345$

$\sum x_{i1} = 1\,260$ 　　　　$\sum x_{i2} = 1\,150$ 　　　　$\sum x_{i3} = 954.07$

$\sum x_{i1}^{\,2} = 74\,200$ 　　　$\sum x_{i2}^{\,2} = 62\,900$ 　　　$\sum x_{i3}^{\,2} = 41\,410.92$

$\sum x_{i1}x_{i2} = 1\,449\,000$ 　$\sum x_{i1}x_{i3} = 1\,202\,128$ 　$\sum x_{i2}x_{i3} = 1\,097\,181$

$\sum x_{i1}y_i = 9\,974.6$ 　　$\sum x_{i2}y_i = 9\,205$ 　　　$\sum x_{i3}y_i = 7\,851.084$

正规方程组 $AB = D$ 为：

$$\begin{pmatrix} 23 & 1\,260 & 1\,150 & 954.07 \\ 1\,260 & 74\,200 & 1\,449\,000 & 1\,202\,128 \\ 1\,150 & 1\,449\,000 & 62\,900 & 1\,097\,181 \\ 954.07 & 1\,202\,128 & 1\,097\,181 & 41\,410.92 \end{pmatrix} \begin{pmatrix} b_0 \\ b_1 \\ b_2 \\ b_3 \end{pmatrix} = \begin{pmatrix} 186.28 \\ 9\,974.6 \\ 9\,205 \\ 7\,851.084 \end{pmatrix}$$

求逆矩阵：

$$C = A^{-1} = \begin{pmatrix} 0.046\ 4 & -0.000\ 0 & -0.000\ 0 & -0.000\ 0 \\ -0.000\ 0 & -0.000\ 0 & 0.000\ 0 & 0.000\ 0 \\ -0.000\ 0 & 0.000\ 0 & -0.000\ 0 & 0.000\ 0 \\ -0.000\ 0 & 0.000\ 0 & 0.000\ 0 & -0.000\ 0 \end{pmatrix}$$

于是可得：$b_0 = 8.102\ 5 \quad b_1 = 0.000\ 1$

$$B = A^{-1}D = \begin{pmatrix} 8.102\ 5 \\ 0.000\ 1 \\ 0.000\ 0 \\ -0.000\ 2 \end{pmatrix} \qquad b_2 = 0.000\ 0 \qquad b_3 = -0.000\ 2$$

最后得回归方程：$\hat{y} = 8.102\ 5 + 0.000\ 1x_1 - 0.000\ 2x_3$。

6.3　多元线性模型的另一形式

在讨论一元线性回归问题时，我们给出过数学模型的另一形式：

$$y = \bar{y} + \beta(x - \bar{x}) + \varepsilon$$

多元线性回归问题，其数据结构式也可表述为：

$$y_i = \bar{y} + \beta_1(x_{i1} - \bar{x}_1) + \beta_2(x_{i2} - \bar{x}_2) + \cdots + \beta_k(x_{ik} - \bar{x}_k) + \varepsilon$$
$$i = 1,\ 2,\ \cdots,\ n \tag{6.18}$$

式中：$\bar{x}_j = \dfrac{1}{n}\sum\limits_{i=1}^{n} x_{ij} \quad (j = 1,\ 2,\ \cdots,\ k)$

回归方程：

$$\hat{y} = \bar{y} + b_1(x_1 - \bar{x}_1) + b_2(x_2 - \bar{x}_2) + \cdots + b_k(x_k - \bar{x}_k) \tag{6.19}$$

根据最小二乘法，要使：

$$Q = \sum e^2 = \sum (y - \hat{y})^2 = \sum \left\{ y - \bar{y} - [b_1(x_1 - \bar{x}_1) + \cdots + b_k(x_k - \bar{x}_k)] \right\}^2 = \min$$

求各偏导数，整理后可得正规方程组，其矩阵式为：

$$A \cdot B = D$$

这种形式可将系数矩阵降低一阶，简化计算：

$$A = X'X = \begin{pmatrix} 1 & 1 & \cdots & 1 \\ x_{11} - \bar{x}_1 & x_{21} - \bar{x}_1 & \cdots & x_{n1} - \bar{x}_1 \\ x_{12} - \bar{x}_2 & x_{22} - \bar{x}_2 & \cdots & x_{n2} - \bar{x}_2 \\ \vdots & \vdots & & \vdots \\ x_{1k} - \bar{x}_k & x_{2k} - \bar{x}_k & \cdots & x_{nk} - \bar{x}_k \end{pmatrix} \cdot \begin{pmatrix} 1 & x_{11} - \bar{x}_1 & x_{12} - \bar{x}_2 & \cdots & x_{1k} - \bar{x}_k \\ 1 & x_{21} - \bar{x}_1 & x_{22} - \bar{x}_2 & \cdots & x_{2k} - \bar{x}_k \\ \vdots & \vdots & \vdots & & \vdots \\ 1 & x_{n1} - \bar{x}_1 & x_{n2} - \bar{x}_2 & \cdots & x_{nk} - \bar{x}_k \end{pmatrix}$$

$$= \begin{pmatrix} N & 0 & 0 & \cdots & 0 \\ 0 & \sum(x_{i1} - \bar{x}_1)^2 & \sum(x_{i1} - \bar{x}_1)(x_{i2} - \bar{x}_2) & \cdots & \sum(x_{i1} - \bar{x}_1)(x_{ik} - \bar{x}_k) \\ \vdots & \vdots & \vdots & & \vdots \\ 0 & \sum(x_{ik} - \bar{x}_k)(x_{ik} - \bar{x}_1) & \sum(x_{ik} - \bar{x}_k)(x_{i2} - \bar{x}_2) & \cdots & \sum(x_{ik} - \bar{x}_k)^2 \end{pmatrix}$$

$$D = \begin{pmatrix} d_0 \\ d_1 \\ \vdots \\ d_k \end{pmatrix} = \begin{pmatrix} \sum y_i \\ \sum(x_{i1} - \bar{x}_1)y_i \\ \vdots \\ \sum(x_{ik} - \bar{x}_k)y_i \end{pmatrix} \qquad B = \begin{pmatrix} \bar{y} \\ b_1 \\ b_2 \\ \vdots \\ b_k \end{pmatrix}$$

令：

$$\begin{cases} L_{jm} = \sum_{i=1}^{n}(x_{ij} - \bar{x}_j)(x_{im} - \bar{x}_{im}) = \sum_{i=1}^{n} x_{ij}x_{im} - \dfrac{1}{n}\sum_{i=1}^{n} x_{ij}\sum_{i=1}^{n} x_{im} \\ j, \ m = 1, \ 2, \ \cdots, \ k \\ L_{jy} = \sum_{I=1}^{N}(x_{ij} - \bar{x}_j)y_i = \sum_{i=1}^{n} x_{ij}y_i - \dfrac{1}{n}\sum_{i=1}^{n} x_{ij}\sum_{i=1}^{n} y_i \end{cases} \qquad (6.20)$$

则：

$$A = \begin{pmatrix} n & 0 & 0 & \cdots & 0 \\ 0 & L_{11} & L_{12} & \cdots & L_{1k} \\ \vdots & \vdots & \vdots & & \vdots \\ 0 & L_{k1} & L_{k2} & \cdots & L_{kk} \end{pmatrix} \quad D = \begin{pmatrix} \sum y_i \\ L_{1y} \\ \vdots \\ L_{ky} \end{pmatrix} \quad (6.21)$$

要确定 b_0，b_1，$\cdots$，b_k，同前面一样，要求出 X、A、C、D 四个矩阵，但要注意这时各矩阵的值与前面模型中已不一样了。

A 矩阵的逆矩阵 C，由线性代数得：

$$C = A^{-1} = \begin{pmatrix} \dfrac{1}{n} & 0 \\ 0 & L^{-1} \end{pmatrix} \quad (6.22)$$

式中 0 表示 $1 \times k$ 或 $k \times 1$ 阶零矩阵，L^{-1} 是 A 矩阵中右下角上的 K 阶矩阵的逆矩阵。

于是：

$$B = \begin{pmatrix} \bar{y} \\ b_1 \\ b_2 \\ \vdots \\ b_k \end{pmatrix} = A^{-1}D = CD = \begin{pmatrix} \dfrac{1}{n} & 0 \\ 0 & L^{-1} \end{pmatrix} \begin{pmatrix} \sum y_i \\ L_{1y} \\ \vdots \\ L_{ky} \end{pmatrix}$$

即：$\bar{y} = \dfrac{1}{n} \sum y_i$

$$\begin{pmatrix} b_1 \\ b_2 \\ \vdots \\ b_k \end{pmatrix} = L^{-1} \begin{pmatrix} L_{1y} \\ L_{2y} \\ \vdots \\ L_{ky} \end{pmatrix} \quad (6.23)$$

例 6.3 拖拉机犁耕时，其行驶阻力 y 与前进速度 x_1、土壤比阻 x_2 以及驱动轮胎的充气压力 x_3 有关。经实测的 11 组数据如表 6.3 所示，试求其线性回归方程。

解：设 $y = y_0 + b_1(x_1 - \bar{x}_1) + b_2(x_2 - \bar{x}_2) + b_3(x_3 - \bar{x}_3)$

表 6.3　试验数据

序号 n	1	2	3	4	5	6	7	8	9	10	11
x_1/（km/h）	1.1	1.9	2.3	2.7	3.5	4.3	5.4	5.8	6.5	4.8	3
x_2/（kg/cm²）	0.7	0.9	0.3	0.5	0.5	0.2	0.6	0.4	0.65	0.5	0.6
x_3/（kg/cm²）	0.7	1.2	0.8	0.95	1.1	1.0	0.85	0.75	0.9	0.87	1.05
y/kg	450	650	400	490	550	470	750	710	905	650	510

解：由试验数据可得：

$n = 11$

$\sum y_i = 6\,535$　　　　　　　　$\bar{y} = 594.091$

$\sum x_{i1} = 41.3$　　　　　　　　$\bar{x}_1 = 3.755$

$\sum x_{i2} = 5.85$　　　　　　　　$\bar{x}_2 = 0.532$

$\sum x_{i3} = 10.17$　　　　　　　$\bar{x}_3 = 0.925$

$\sum x_{i1}^2 = 185.23$　　　　　$L_{11} = \sum x_{i1}^2 - \dfrac{1}{n}(\sum x_{i1})^2 = 30.167$

$\sum x_{i2}^2 = 3.483$　　　　　　$L_{22} = \sum x_{i2}^2 - \dfrac{1}{n}(\sum x_{i2})^2 = 0.371$

$\sum x_{i3}^2 = 9.637$　　　　　　$L_{33} = \sum x_{i3}^2 - \dfrac{1}{n}(\sum x_{i3})^2 = 0.234$

$\sum x_{i1}x_{i2} = 21.115$　　　　$L_{21} = L_{12} = \sum x_{i1}x_{i2} - \dfrac{1}{n}\sum x_{i1}\sum x_{i2} = -0.849$

$\sum x_{i1}x_{i3} = 37.721$　　　　$L_{31} = L_{13} = \sum x_{i1}x_{i3} - \dfrac{1}{n}\sum x_{i1}\sum x_{i3} = -0.463$

$\sum x_{i2}x_{i3} = 5.495$　　　　$L_{32} = L_{23} = \sum x_{i2}x_{i3} - \dfrac{1}{n}\sum x_{i2}\sum x_{i3} = 0.086$

$\sum x_{i1}y_i = 26\,619.5$　　　$L_{1y} = \sum x_{i1}y_i - \dfrac{1}{n}\sum x_{i1}\sum y_i = 2\,083.545$

$\sum x_{i2}y_i = 3\,587.25$　　　$L_{2y} = \sum x_{i2}y_i - \dfrac{1}{n}\sum x_{i2}\sum y_i = 111.818$

$\sum x_{i3}y_i = 6\,041.905$　　$L_{3y} = \sum x_{i3}y_i - \dfrac{1}{n}\sum x_{i3}\sum y_i = -0.905$

系数矩阵 A 和常数项矩阵 D 分别为：

$$A = X'X = \begin{pmatrix} 1 & 0 & 0 & 0 \\ 0 & 30.167 & -0.849 & -0.463 \\ 0 & -0.849 & 0.371 & 0.086 \\ 0 & -0.463 & 0.086 & 0.234 \end{pmatrix}$$

$$D = X'Y = \begin{pmatrix} 6\,535 \\ 2\,083.545 \\ 111.818 \\ -0.905 \end{pmatrix}$$

求逆矩阵:

$$C = A^{-1} = \begin{pmatrix} 1/11 & 0 & 0 & 0 \\ 0 & 0.035\,8 & 0.071\,6 & 0.044\,4 \\ 0 & 0.071\,6 & 3.088\,7 & -0.997\,8 \\ 0 & 0.044\,4 & -0.998 & 4.727\,4 \end{pmatrix}$$

得回归系数:

$$B = \begin{pmatrix} \bar{y} \\ b_1 \\ b_2 \\ b_3 \end{pmatrix} = A^{-1}D = \begin{pmatrix} 594.091 \\ 82.655 \\ 495.523 \\ -23.373 \end{pmatrix}$$

所以,y 对 x_1,x_2,x_3 的回归方程是:

$$\hat{y} = 594.091 + 82.655(x_1 - 3.755) + 495.523(x_2 - 0.532) - 23.373(x_3 - 0.925)$$

即:$\hat{y} = 41.723 + 82.655x_1 + 495.523x_2 - 23.373x_3$

从上面的分析计算我们可以看出,式(6.18)的模型计算时用的矩阵比式(6.5)用的矩阵少一阶,计算比较简单。因此,一般情况下都采用这种模型。

6.4 回归方程的显著性检验

在配回归方程时,事先并未能断定因变量 y 与自变量 x_1,x_2,$\cdots$,x_k 之间是否确有线性关系。在求线性回归方程前，回归模型只是一种假设，虽然这种假设往往也有一定的根据，但求出线性回归方程后，还是需要对它进行统计检验以确定这个方程是否合适，为此，要把总平方和进行分解，并进行方差分析以检验其显著性。其原理和一元线性回归是一样的。

多元回归的假设检验是：

$$H_0 : \beta_1 = \beta_2 = \cdots = \beta_k = 0$$
$$H_1 : \beta_i \neq 0$$

如果否定假设H_0，那就显示至少一个自变量与模型配合得很好。

1. 分解平方和

将总平方和分解为回归平方和及剩余误差平方和两部分：

$$SS_y = SS_R + SS_E$$

则：

$$F = \frac{\dfrac{SS_R}{k}}{\dfrac{SS_E}{n-k-1}} = \frac{MS_R}{MS_E} \tag{6.24}$$

如果H_0成立，对于给定的数据，算得：

$$F > F_\alpha(k, \ n-k-1)$$

则认为线性回归方程有显著意义；反之，就要查明原因，另作处理。

2. 计算各平方和

（1）总平方和SS_y（或记为L_{yy}）：

$$L_{yy} = SS_y = \sum (y_i - \bar{y})^2 = \sum y_i^2 - \frac{1}{n}(\sum y_i)^2 \tag{6.25}$$

自由度：

$$f_T = n - 1 \qquad\qquad (6.26)$$

（2）回归平方和 SS_R（或 u）：

$$u = SS_R = \sum_{j=0}^{k} b_j d_j - \frac{(\sum\limits_{i=1}^{n} y_i)^2}{n} \qquad\qquad (6.27)$$

证明：由正规方程组可以证明

$$\sum (y_i - \hat{y}_i)\hat{y}_i = 0$$

∴ 对于第一种数学模型下的回归方程，有：

$$
\begin{aligned}
Q = SS_E &= \sum_i (y_i - \hat{y}_i)^2 = \sum_i (y_i - \hat{y}_i)y_i + \sum_i (y_i - \hat{y}_i)\hat{y}_i \\
&= \sum_i y_i^2 - \sum_i y_i (b_0 + \sum_{j=1}^{k} x_{ij} b_j) = \sum_i y_i^2 - b_0 \sum_i y_i - \sum_{j=1}^{k} b_j \sum x_{ij} y_i \\
&= \sum_i y_i^2 - \sum_{j=0}^{k} b_j d_j = SS_y - \sum_{j=0}^{k} b_j d_j + \frac{(\sum\limits_i y_i)^2}{n}
\end{aligned}
$$

$$\therefore \quad SS_R = SS_y - SS_E = \sum_{j=0}^{k} b_j d_j - \frac{(\sum\limits_i y_i)^2}{n}$$

对于第二种数学模型下的回归方程，有：

$$
\begin{aligned}
SS_E &= \sum_i (y_i - \hat{y}_i)^2 = \sum_i y_i^2 - \sum_i y_i [\bar{y} + \sum_{j=1}^{k} (x_{ij} - \bar{x}_j) b_j] \\
&= \sum_i y_i^2 - \bar{y} \sum_i y_i - \sum_{j=1}^{k} b_j \sum_i (x_{ij} - \bar{x}_j) y_i \\
&= \sum_i y_i^2 - b_0 d_0 - \sum_{j=1}^{k} b_j d_j \\
&= SS_y - \sum_{j=0}^{k} b_j d_j + \frac{(\sum\limits_i y_i)^2}{n}
\end{aligned}
$$

$$\therefore \quad SS_R = SS_y - SS_E = \sum_{j=0}^{k} b_j d_j - \frac{(\sum\limits_i y_i)^2}{n}$$

注意，求 SS_R 时，虽然不同数学模型所使用的公式形式一样，但 b_j、d_j 所代表的内容是不同的。

回归自由度　　　　　　　　　　　　$f_R = k$　　　　　　　　　　　　　　（6.28）

（3）剩余平方和 SS_E（或 Q）：

$$Q = SS_E = SS_y - SS_R \tag{6.29}$$

$$f_e = n - k - 1 \tag{6.30}$$

将以上结果列成方差分析表：

表 6.4　方差分析表

变因	SS	df	MS	F
回归	$u = SS_R = \sum (\hat{y}_i - \bar{y}_i)^2 = \sum\limits_{j=0}^{k} b_j d_j - \dfrac{(\sum\limits_{i=1}^{n} y_i)^2}{n}$	k	$\dfrac{SS_R}{k}$	$\dfrac{\frac{SS_R}{k}}{\frac{SS_E}{n-k-1}}$
剩余	$Q = SS_E = SS_y - SS_R$	$n-k-1$	$\dfrac{SS_E}{n-k-1}$	
总计	$SS_y = \sum (y_i - \bar{y}_i)^2 = \sum y_i^2 - \dfrac{1}{n}(\sum y_i)^2$	$n-1$		

例 6.4　试对例 6.3 求出的回归方程进行显著性检验。

解：该例用的是第二种数学模型。

$$SS_y = \sum y_i^2 - \frac{1}{n}(\sum y_i)^2 = 234\,340.909$$

$$f_{\text{总}} = 10$$

$$
\begin{aligned}
SS_R &= b_0 d_0 + b_1 d_1 + b_2 d_2 + b_3 d_3 - \frac{1}{n}(\sum y_i)^2 \\
&= \bar{y} \sum y_i + b_1 d_1 + b_2 d_2 + b_3 d_3 - \bar{y} \sum y_i \\
&= b_1 d_1 + b_2 d_2 + b_3 d_3 \\
&= b_1 L_{1y} + b_2 L_{2y} + b_3 L_{3y} \\
&= 82.655 \times 2\,083.545 + 495.523 \times 111.818 + 23.373 \times 0.905 \\
&= 227\,644.955
\end{aligned}
$$

$$f_R = 3$$

$$SS_E = SS_y - SS_R = 6\,695.959$$

$f_e = 7$

方差分析表如下：

表 6.5 方差分析表

变因	SS	df	MS	F
回归	227 644.955	3	75 881.65	79.327 1[**]
剩余	6 695.959	7	956.566	
总计	234 340.909	10		

由于 $F = 79.327\ 1 > F_{0.01,3,7} = 8.45$，我们可确定方程是高度显著的，其中至少有一个变量（因素）有意义，当然也可能不止一个。

以上例还可看出，对于第二种数学模型，由于：

$$b_0 = \bar{y}, \quad d_0 = \sum y_i$$

所以，实际上：

$$SS_R = b_0 d_0 + \sum_{j=1}^{k} b_j d_j - \frac{\left(\sum y_i\right)^2}{n} = \sum_{j=1}^{k} b_j d_j \tag{6.31}$$

上面给出的公式，目的是统一形式，以便于记忆而已。

最后再简单提一下重复试验的情况，如每个试验重复 m 次，只要用 m 个数据的平均值 $\bar{y}_i$ 代替 y_i 即可。这样还可得到纯误差平方和：

$$SS_E' = \sum_i \sum_{j=1}^{m} (y_{ij} - \bar{y}_i)^2 \tag{6.32}$$

$$f_e' = n(m-1) \tag{6.33}$$

检验方法，可看一元回归重复试验的做法，此处不再赘述。

6.5 回归系数的显著性检验

回归方程的显著（有意义），并不意味着每一个自变量（因素）对 y 的影响都是重要的。需要进一步检验每一个回归变数是否有意义（显著），哪一种因素是主要的，哪一种因素是次要的，这对于试验工作者来说也是一个重要的步骤。也许回归模型增（或减）一个或多个自变量（因素）对 y 的影响更有意义（或毫无意义）。

1. 标准回归系数比较法

这是一种直观比较各回归系数作用大小的方法。

由回归方程（第二种模型）：

$$\hat{y} - \bar{y} = b_1(x_1 - \bar{x}_1) + \cdots + b_k(x_k - \bar{x}_k)$$

可知，为了分清 k 种自变量 $x_i(i = 1, 2, \cdots, k)$ 对因变量 y 的影响的主次关系，可以比较各因素 x_i 的回归系数 b_i，也就是当其他因素不变时，x_i 对 y 的影响。但回归系数不能直接进行比较，因它们与自变量 x_i 所取的单位大小有关，单位不同，系数的值也不同。为了消除这个影响，需要一个标准化的回归系数才能进行比较。

为此，取

$$b_i' = b_i \frac{S_i}{S_y} \tag{6.34}$$

即：

$$b_i = b_i' \frac{S_y}{S_i} \tag{6.35}$$

式中 S_i、S_y 为标准差。

将式（6.35）代入上述方程：

$$\hat{y} - \bar{y} = b_i' \frac{S_y}{S_i}(x_1 - \bar{x}_1) + \cdots + b_k' \frac{S_y}{S_k}(x_k - \bar{x}_k)$$

$$\frac{\hat{y} - \bar{y}}{S_y} = b_1' \frac{(x_1 - \bar{x}_1)}{S_1} + \cdots + b_k' \frac{(x_k - \bar{x}_k)}{S_k}$$

$$\hat{y}' = b_1' x_1' + b_2' x_2' + \cdots + b_k' x_k' \tag{6.36}$$

这时得到的各 b_i 就是将数据标准化后得到的标准回归系数 b_i' 的大小，已与原变量的度量单位无关。因此，各 b_i' 的大小就显示出所涉及的自变量 x_i 的相对重要性。

为了计算方便，将式（6.34）中的标准差 S_i、S_y 改用平方和，则可利用前面计算正规方程组时的结果：

$$b_i' = b_i \frac{S_i}{S_y} = b_i \sqrt{\frac{L_{ii}}{L_{yy}}} \quad (i = 1, 2, \cdots, k) \tag{6.37}$$

例如，在例 6.3 中：

$$b_1' = b_1 \sqrt{\frac{L_{11}}{L_{yy}}} = 82.655 \times \sqrt{\frac{30.167}{234\ 340.909}} = 0.937\ 8$$

$$b_2' = b_2 \sqrt{\frac{L_{22}}{L_{yy}}} = 495.523 \times \sqrt{\frac{0.371}{234\ 340.909}} = 0.623\ 5$$

$$b_3' = b_3 \sqrt{\frac{L_{33}}{L_{yy}}} = -23.373 \times \sqrt{\frac{0.234}{234\ 340.909}} = -0.023\ 4$$

通过比较标准回归系数来判别多元回归中因素的主、次是相当简便而直观的，但不能进行显著性检验，并且，只有当各自变量之间的相关性都很小时（即各自变量间的相关系数 r_{ij} 都很小时），这种方法才有意义，如果在一个回归方程中所考虑的因素（自变量）彼此之间有密切联系，这种比较方法就会不准确，甚至作出错误的判断，这是需要注意的。

2. 偏回归平方和

回归平方和 SS_R 是所有自变量 x 对因变量 y 的总影响，若考虑的自变量减少一个，则回归平方和只会减少，不会增加，减少得愈多，就说明这个减少的自变量在回归中起的作用愈大。

设 $$u_i = SS_R - SS_R' \tag{6.38}$$

式中 SS_R' 是减小 x_i 后的回归平方和，而 u_i 就是变量 x_i 作用大小的反映，称为 x_i 的偏回归平方和。

可以证明： $$u_i = \frac{b_i^2}{c_{ii}} \tag{6.39}$$

式中 c_{ii} 是正规方程组中系数矩阵 A 的逆矩阵 C 中对角线上的元素。

3. F 检验

将某个因素 x_i 的偏回归平方和 u_i 与平均剩余平方和（即剩余标准差 MS_E）作比，即得 F 统计量，因此可检验该变量 x_i 作用是否显著，这时 $H_0: \beta_i = 0$。

$$F_i = \frac{\dfrac{u_i}{1}}{MS_E} = \frac{u_i}{\dfrac{SS_E}{n-k-1}}$$

$$= \frac{b_i^2}{\dfrac{c_{ii}SS_E}{n-k-1}} = \frac{b_i^2(n-k-1)}{c_{ii}SS_E}$$

$$\sim F_{\alpha,1,n-k-1} \tag{6.40}$$

例如，在例 6.3 中：

$$F_1 = \frac{b_1^2(n-k-1)}{c_{11}SS_E} = \frac{82.655^2 \times 7}{0.035\,8 \times 6\,695.959} = 199.50$$

$$F_2 = \frac{b_2^2(n-k-1)}{c_{22}SS_E} = \frac{495.523^2 \times 7}{3.088\,7 \times 6\,695.959} = 83.11$$

$$F_3 = \frac{b_3^2(n-k-1)}{c_{33}SS_E} = \frac{(-23.373)^2 \times 7}{4.727\,4 \times 6\,695.959} = 0.12$$

而 $F_{0.05,1,7} = 5.59$，$F_{0.01,1,7} = 12.25$，可见 x_1、x_2 高度显著，而 x_3 的作用不显著。也就是，驱动轮胎充气压力的变动（$0.7 \sim 1.2 \text{kg/cm}^2$）对行驶阻力没有明显影响。

4. t 检验

假设 H_0: $\beta_i = 0$

可证明，$E(b_i) = \beta_i$，$V(b_i) = c_{ii}\sigma^2$

∴ 当 H_0 成立时，$\dfrac{b_i - \beta_i}{\sqrt{c_{ii}\sigma^2}} \sim N(0,1)$

而 $t_i = \dfrac{b_i - \beta_i}{\sqrt{c_{ii} \cdot MS_E}} = \dfrac{b_i}{S_e\sqrt{c_{ii}}} = \dfrac{b_i\sqrt{n-k-1}}{\sqrt{c_{ii}SS_E}} \sim t_{\alpha,n-k-1}$

在例 6.3 中：

$$t_1 = \frac{b_1\sqrt{n-k-1}}{\sqrt{c_{11} \cdot SS_E}} = \frac{82.655 \times \sqrt{7}}{\sqrt{0.035\,8 \times 6\,695.959}} = 14.12$$

$$t_2 = \frac{b_2\sqrt{n-k-1}}{\sqrt{c_{22} \cdot SS_E}} = \frac{495.523 \times \sqrt{7}}{\sqrt{3.088\,7 \times 6\,695.959}} = 9.12$$

$$t_3 = \frac{b_3\sqrt{n-k-1}}{\sqrt{c_{33} \cdot SS_E}} = \frac{(-23.373) \times \sqrt{7}}{\sqrt{4.727\,4 \times 6\,695.959}} = -0.35$$

查表 $t_{0.05,7} = 2.37$，$t_{0.01,7} = 3.5$，可见 x_1、x_2 高度显著，而 x_3 不显著，结论与 F 检验是一致的。

如果检验某个 x_i 时不显著，可认为该变量的作用不显著，应从回归方程中除去，这样会使回归模型配合得更好。但是，剔除掉一个自变量，由于相关性的影响，其他变量都会受到不同程度的影响，有的甚至连符号都会发生变化。如在例 6.3 中，$u = SS_R = 227\,644.955 \neq \sum u_i = 270\,446.54$，由此可见各变量的回归系数 b_i 并不相互独立。所以，剔除一个变量 x_i 以后，剩下的 $(k-1)$ 个自变量要重算回归系数。

可以证明，当取消一个变量 x_i 后，$(k-1)$ 个变量的新的回归系数 b_j^* $(j \neq i)$ 与原来的回归系数 b_j 之间有如下的简单关系：

$$b_j^* = b_j - \frac{c_{ij}}{c_{ii}} b_i (j \neq i) \qquad (6.41)$$

式中 c_{ii}、c_{ij} 是原来 k 元回归中正规方程组系数矩阵 A 的逆矩阵 C 中的元素。

例如，在例 6.3 中，如果取 $\alpha = 0.05$，则可认为 x_3 应该剔除。此时 y 对 x_1、x_2 的回归系数可重新计算如下：

$$b_1^* = b_1 - \frac{c_{31}}{c_{33}} \cdot b_3 = 82.655 - \frac{0.044\,4}{4.727\,4} \times (-23.373) = 82.875$$

$$b_2^* = b_2 - \frac{c_{32}}{c_{33}} \cdot b_3 = 495.523 - \frac{(-0.998)}{4.727\,4} \times (-23.373) = 490.589$$

$\therefore$ $\hat{y} = 594.091 + 82.875(x_1 - \bar{x}_1) + 490.589(x_2 - \bar{x}_2)$

即：$\hat{y} = 22.034 + 82.875 x_1 + 490.589 x_2$

检验新方程的显著性：

$SS_R = b_1^* L_{1y} + b_2^* L_{2y} = 82.875 \times 2\,083.545 + 490.589 \times 111.818 = 227\,530.47$

$SS_y = 234\,340.909$

$SS_E = SS_y - SS_R = 234\,340.909 - 227\,530.47 = 6\,810.44$

$df_E = n - k^* - 1 = 8$

$\therefore$ $MS_E = \dfrac{6\,810.44}{8} = 851.31$

$\therefore$ $F = \dfrac{\dfrac{SS_R}{2}}{MS_E} = \dfrac{\dfrac{227\,530.47}{2}}{851.31} = 133.64^{**}$

$F_{0.01,2,8} = 8.65$，可知新回归方程至少有一个因素对 y 的影响显著。

再检验回归系数，先计算新的偏回归平方和：

$$u_1^* = \frac{b_1^{*2}}{c_{11}} = \frac{(82.875)^2}{0.035\ 8} = 191\ 850.995$$

$$u_2^* = \frac{b_2^{*2}}{c_{22}} = \frac{(490.589)^2}{3.088\ 7} = 77\ 921.963$$

经 F 检验可知两者都是高度显著的，于是上面的结果是最后结果。

必须指出，由于各变量间相关性的影响，对回归系数作显著性检验时，结果并不一定完全是可靠的，必须特别谨慎。一般对回归系数作一次检验后，只能剔除其中一个影响最小的因素，然后建立新方程，重新检验，直到余下的回归系数都显著为止。或者，也可先计算标准回归系数，确定因素的主次后检验最次要的因素，若不显著，就剔除掉，再重新执行以上步骤，直到满意为止。

总之，在多元回归中，自变量之间的相关性给问题的分析带来很多麻烦，这是回归分析的一个较难处理的问题。要从根本上解决这个问题，最好在安排试验时就选择这样一些点做试验，使得回归系数之间不存在相关性。这个问题将在第 7 章回归正交设计中讨论。

6.6　相关检验

1. 复相关

多元线性回归也可通过相关检验来判断 y 与 x_1，x_2，$\cdots$，x_k 的线性关系的密切程度。与第 5 章类似，可用：

$$R = \sqrt{\frac{u}{L_{yy}}} = \sqrt{1 - \frac{Q}{L_{yy}}} = \sqrt{1 - \frac{\sum (y - \hat{y})^2}{\sum (y - \bar{y})^2}} \qquad (6.42)$$

来表征这个密切程度，R 称为复相关系数（或总相关系数）。和一元线性回归的相关系数不同的是，复相关系数 R 没有正负之分，只取正值。在一元时，r 值的正负说明了 y 与 x 是正相关还是负相关；而在多元情况下，各 x_i 与 y 的关系的性质和趋向无法用一个 R 表示出来，所以 r 在 $0 \sim 1$ 间变化，只表示相关总的密切程度。

如在例 6.3 中：$u = SS_R = 227\ 644.955$

$$SS_y = L_{yy} = 234\ 340.909$$

$$\therefore \quad R = \sqrt{\frac{u}{L_{yy}}} = \sqrt{\frac{227\ 644.955}{234\ 340.909}} = 0.985\ 6$$

相关检验是否显著，可查附录中的相关系数检验表中的临界值。表中自由度等于 $n - m - 1$。如在例 6.3 中：$R_{0.05,7} = 0.807$，$R_{0.01,7} = 0.885$，可见是显著的。

2. 偏相关

多元线性回归还必须计算各个变量的相关程度，这时任意两个变量之间都可能存在相关关系，情况很复杂。按第 5 章中式（5.39B）计算的两个变量之间的简单相关关系在这里往往不能正确说明两个变量间的真正关系，甚至使人得出错误的判断。必须计算它们的偏相关系数。偏相关系数的意义和偏回归系数相似，表示在其他变量保持不变时，指定的两个变量间相关的密切程度。下面讨论一般情况，仅给出三个变量及四个变量时的公式：

①设有三个变量 x_1、x_2、x_3，x_1、x_2 在除去 x_3 的影响后的偏相关系数用 $R_{12,3}$ 表示，则有：

$$R_{12,3} = \frac{r_{12} - r_{13}r_{23}}{\sqrt{1 - r_{13}^2} \cdot \sqrt{1 - r_{23}^2}} \tag{6.43}$$

式中，r_{ij} 为 x_i 与 x_j 的简单相关系数。

②设有 x_1、x_2、x_3、x_4 四个变量，则 x_1、x_2 在除去 x_3、x_4 的影响后的偏相关系数表示为 $R_{12,34}$。

$$R_{12,34} = \frac{R_{12,3} - R_{14,3}}{\sqrt{1 - r_{14}^2} \cdot \sqrt{1 - r_{24}^2}} \tag{6.44}$$

式中，$r_{ij,k}$ 由式（6.43）计算。

偏相关的显著性检验，可查附录中的相关系数检验表中的临界值。表中自由度等于 $n - m - 1$。

3. 偏相关和简单相关的关系

在多元回归中两个变量间的相关关系为什么不能用简单的相关而必须用偏相关来表示，通过下例我们将有更深的理解。

例6.5 研究某春季作物的产量 y 与当年春季雨量 x_1 及气温 x_2 的关系，根据若干年的观察记录，可计算得它们的回归方程如下：

$$\hat{y} = 11.65 + 3.06x_1 + 0.004x_2$$

由于回归系数都是正值，表明雨量丰富、气温高的年景对作物的增产有利。但这个结论与实际经验显得颇有出入。历年的情况是，春季气温低时，当年作物产量就高；春季气温高时，作物产量反而低。至于产量与雨量的关系是符合正相关的。

首先计算 y 与 x_1、x_2 的简单相关系数，分别为：

$$r_{y1} = 0.80, \ r_{y2} = -0.40, \ r_{12} = -0.56$$

从简单相关看，r_{y2} 是负的，表示气温愈高，产量愈低。检验原因，原来是雨量与气温之间有较大的负相关（$r_{12} = -0.56$），这表明气温较高的春季，雨量较少，较干旱，而雨量与作物产量却是密切的正相关（$r_{y1} = 0.80$）。由于第二因素（雨量）的影响，才使得气温高时产量反而低了。可见气温与产量的真实关系，被雨量的影响掩盖了，经验只看到了表面现象，而简单相关也未能将真实关系表示出来，这个真实关系就有赖于偏相关的计算了，由式（6.43）可得：

$$r_{y2.1} = \frac{r_{y2} - r_{y1} \cdot r_{12}}{\sqrt{(1 - r_{y1}^2)(1 - r_{21}^2)}} = \frac{-0.40 - 0.8 \times (-0.56)}{\sqrt{(1 - 0.8^2) \times [1 - (-0.56)^2]}} \approx 0.10$$

这时 $r_{y2.1}$ 为正值，说明如果没有雨量的影响，气温高对作物的产量是有利的，这个结论和从回归方程中所得到的结论一致。

如果只求产量和气温间的一元回归与相关，则必然得出与简单相关相同的不正确结论。这说明，当有重要因素没有考虑引进回归方程时，求得的回归方程的含义与真正的含义可能有很大的出入。这是我们在实际工作时要注意的。

6.7　过原点的二元回归

例 6.6 设有两种化学物品的纯度会影响褪色的起始速率（y），一是单晶体的浓度，二是二聚物的浓度。如这两种成分不存在时它就不会褪色，实验结果如下表：

表 6.6 两种化学物质的纯度与褪色起始速率的关系

观测号	试验进行次序	x_1（单晶体浓度）	x_2（二聚物浓度）	y（不纯物形成起始速率）
1	3	0.34	0.73	5.75
2	6	0.34	0.73	4.79
3	1	0.58	0.69	5.44
4	4	1.36	0.97	9.09
5	2	1.36	0.97	8.59
6	3	1.82	0.46	5.09

注：单晶体浓度原始试验数据记录存在误差。

试据此资料配二元回归方程。

解：这是过原点的回归问题。其线性模型为：

$$y = \beta_1 x_1 + \beta_2 x_2 + \varepsilon$$

回归方程：$\hat{y} = b_1 x_1 + b_2 x_2$

要使 $Q = \varepsilon^2 = \sum (y - \hat{y})^2 \rightarrow \min$

求 β_1、β_2 的最小二乘法估计值 b_1、b_2，

$$\frac{\partial Q}{\partial b_1} = 0 \qquad \frac{\partial Q}{\partial b_2} = 0$$

得正规方程组：

$$\begin{cases} \sum yx_1 - b_1 \sum x_1^2 - b_2 \sum x_1 x_2 = 0 \\ \sum yx_2 - b_1 \sum x_1 x_2 - b_2 \sum x_2^2 = 0 \end{cases}$$

移项：

$$\begin{cases} b_1 \sum x_1^2 + b_2 \sum x_1 x_2 = \sum x_1 y \\ b_1 \sum x_1 x_2 + b_2 \sum x_2^2 = \sum x_2 y \end{cases} \tag{6.45}$$

将表 6.6 中数据代入式（6.45），得：

$$\begin{cases} 7.055b_1 + 4.178b_2 = 38.279 \\ 4.178b_1 + 3.635b_2 = 30.939 \end{cases}$$

解方程即得：$b_1 = 1.207$，$b_2 = 7.123$

回归方程为：$\hat{y} = 1.207x_1 + 7.123x_2$　　　　　　　　　　　　　　　(6.46)

回归方程的图示：

回归方程（6.46）代表一个通过坐标原点的平面，如图 6.1 所示。此平面在 x_1 方向的斜率 $b_1 = 1.207$，在 x_2 方向的斜率 $b_2 = 7.123$。配合平面的等高线如图 6.2 所示。

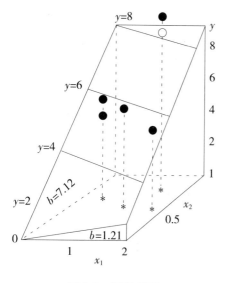

图 6.1　回归平面

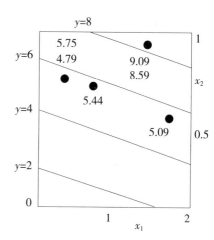

图 6.2　回归平面上的等高线

从图上可看到 6 个点（观测值）中落在 (x_1, x_2, y) 空间接近回归平面的有 3 个点（$y = 5.75$，5.44，8.59），其余 3 点离得稍远，显然本例观测数还太少，配合是否适当表现得还不是很明显。

方差分析：

本题有部分试验重复，可以分析出纯误差。重复试验内平方和，即第 1、2 次及第 4、5 次试验内平方和为：

$$SS_o = \frac{(5.75 - 4.79)^2}{2} + \frac{(9.09 - 8.59)^2}{2} = 0.59$$

方差分析见表 6.7：

表6.7 方差分析表

S.V	SS	df	MS	F
回归	$SS_回 = \sum (\hat{y} - \bar{y})^2 = 266.59$	2	133.3	133.3/0.33 = 403.94
剩余	$SS_剩 = \sum (y - \hat{y})^2 = 1.33$	4	0.33	
(失拟)	$SS_失 = SS_剩 - SS_误 = 0.74$	(2)	(0.37)	0.37/0.3 = 1.2
(纯误差)	$SS_误 = 0.59$	(2)	(0.3)	
总计	$SS_总 = 267.92$	6		

回归非常显著，而失拟部分很小，说明线性模型配合得很好。由于试验做得不够，自由度很少，这种判断是不够敏感的。但不管怎样，仔细地分析和考虑个别剩余部分是很有必要的，最好还绘成图形。

6.8 多项式回归

1. 多项式回归与线性回归

在前面曾经讨论过，许多非线性回归问题也可转换为线性回归处理。如抛物线方程

$$y = a + bx + cx^2 \tag{6.47}$$

可通过令 $x_1 = x$，$x_2 = x^2$，将上式化为含两个自变量的线性方程

$$y = a + bx_1 + cx_2 \tag{6.48}$$

从而将抛物线回归问题化为二元线性回归问题来讨论。

一般的一元多项式问题：

$$y = a_0 + a_1 x + a_2 x^2 + a_3 x^3 + \cdots + a_k x^k \tag{6.49}$$

令 $x_1 = x$，$x_2 = x^2$，$x_3 = x^3$，$\cdots$，$x_k = x^k$

就可化为：

$$y = a_0 + a_1 x_1 + a_2 x_2 + \cdots + a_k x_k \tag{6.50}$$

更一般的情况，对含多个变量的任意多项式，例如：

$$y = a_0 + a_1 x_1 + a_2 x_2 + a_3 x_1^2 + a_4 x_1 x_2 + a_5 x_2^2 + \cdots \qquad (6.51)$$

也可通过类似的变换方式把它化成多元线性回归问题来计算。

令　$z_1 = x_1$，$z_2 = x_2$，$z_3 = x_1^2$，$z_4 = x_1 \cdot x_2$，$z_5 = x_2^2$，$\cdots$

则可将上式变换为：

$$y = a_0 + a_1 z_1 + a_2 z_2 + a_3 z_3 + a_4 z_4 + a_5 z_5 + \cdots \qquad (6.52)$$

上述方法可以处理相当多的一类非线性回归问题。例如，我们如果从实际经验（或从理论的考虑）知某变量 z 与 x 的关系是

$$x = f(z) \qquad (6.53)$$

其中 $f(z)$ 是已知函数（例如指数函数 e^x），则可将此类非线性项作为一个新的变量加入回归方程中。一般来说，

$$y = b_0 + b_1 f_1(z_1, \ z_2, \ \cdots, \ z_k) + b_2 f_2(z_1, \ z_2, \ \cdots, \ z_k) + \cdots + b_m f_m(z_1, \ z_2, \ \cdots, \ z_k)$$

$$(6.54)$$

式中 $f_i(z_1, \ z_2, \ \cdots, \ z_k)$　$i = 1, \ 2, \ \cdots, \ m$ 为已知函数。

令　$x_1 = f_1(z_1, \ z_2, \ \cdots, \ z_k)$

　　　$x_2 = f_2(z_1, \ z_2, \ \cdots, \ z_k)$

　　　$\vdots$

　　　$x_m = f_m(z_1, \ z_2, \ \cdots, \ z_k)$

则式（6.54）可写成：

$$y = b_0 + b_1 x_1 + b_2 x_2 + \cdots + b_m x_m \qquad (6.55)$$

可按多元线性回归处理。

2. 多项式回归分析实例

例 6.7　为研究机耕船船体行驶阻力与前进速度间的关系，在水田土槽中做了一组试验。表 6.8 的前两列记录了 x 与 y 的相应观测值，从散布图 6.3 可以看出，行驶阻

力最初随着前进速度的增加而降低，而当速度超过一定值后，行驶阻力开始加升。根据这一特性考虑配一抛物线方程：

$$R = b_0 + b_1 v + b_2 v^2 \qquad (6.56)$$

令　$x_1 = v$，$x_2 = v^2$

则　$R = b_0 + b_1 x + b_2 x_2$

对每个 v 计算相应的 x^2 作为第二个自变量，然后按多元回归一般式所述的步骤进行计算，结果见表6.8。

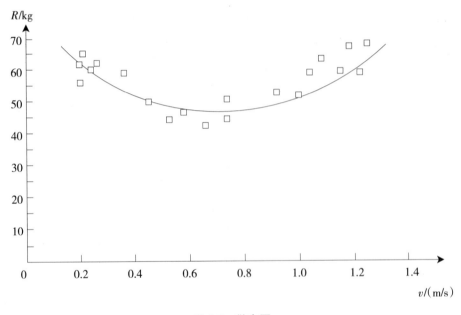

图6.3　散布图

表6.8　机耕船船体行驶阻力 R 与前进速度 V 实测与计算值

R/kg	$X_1 = V/$（m/s）	$X_2 = V^2$	R/kg	$X_1 = V/$（m/s）	$X_2 = V^2$
62	0.2	0.04	46	0.81	0.656 1
65	0.21	0.044 1	52	0.92	0.846 4
60	0.24	0.057 6	51	1.0	1
62	0.26	0.067 6	58	1.04	1.081 6
56	0.3	0.09	62	1.08	1.166 4
59	0.36	0.129 6	58	1.15	1.322 5

（续上表）

R/kg	$X_1 = V/\ (\text{m/s})$	$X_2 = V^2$	R/kg	$X_1 = V/\ (\text{m/s})$	$X_2 = V^2$
50	0.45	0.202 5	66	1.18	1.392 4
44	0.53	0.280 9	58	1.22	1.488 4
46	0.58	0.336 4	67	1.25	1.562 5
42	0.66	0.435 0			
44	0.74	0.547 6			
50	0.74	0.547 6			

$$\sum R = 1\ 158 \qquad\qquad \sum x_1 = 14.92 \qquad\qquad \sum x_2 = 13.295\ 8$$

$$\bar{R} = 55.142\ 9 \qquad\qquad \bar{x}_1 = 0.710\ 5 \qquad\qquad \bar{x}_2 = 0.633\ 1$$

$$L_{11} = \sum x_1^2 - \frac{1}{n}(\sum x_1)^2 = 2.695\ 5$$

$$L_{12} = L_{21} = \sum x_1 x_2 - \frac{1}{n}\sum x_1 \sum x_2 = 3.836\ 6$$

$$L_{22} = \sum x_2^2 - \frac{1}{n}(\sum x_2)^2 = 5.662\ 6$$

$$L_{1R} = \sum x_1 R - \frac{1}{n}\sum x_1 \sum R = 4.128\ 6$$

$$L_{2R} = \sum x_2 R - \frac{1}{n}\sum x_2 \sum R = 20.101\ 4$$

$$L_{RR} = \sum R^2 - \frac{1}{n}(\sum R)^2 = 1\ 228.571\ 4$$

由上得正规方程：

$$\begin{cases} 2.695\ 5b_1 + 3.836\ 6b_2 = 4.128\ 6 \\ 3.836\ 6b_1 + 5.662\ 6b_2 = 20.101\ 4 \end{cases} \tag{6.57}$$

解方程得：

$$\begin{cases} b_1 = -98.803\ 7 \\ b_2 = 70.492\ 9 \end{cases}$$

$$b_0 = \bar{y} - b_1 \bar{x}_1 - b_2 \bar{x}_2 = 80.709\ 1$$

最后得回归方程：

$$\hat{y} = 80.7091 - 98.8037x + 70.4929x^2 \qquad (6.58)$$

至于回归平方和及剩余平方和、标准差、相关系数等均可按上几章所述方法用原始数据进行计算。具体方法从略。

我们知道，二次曲线都存在一个极值（max 或 min），可对方程（6.58）求导数，得极值：

$$x_0' = \frac{98.8037}{2 \times 70.4929} = 0.7008$$

$$y_0 = 46.088$$

曲线在(x_0, y_0)点达到最小值，即前进速度为 0.7m/s 时行驶阻力达到最小值。

例 6.8 在真空预冷过程中，叶菜温度变化主要发生在冷却阶段，为研究叶菜在此阶段各参数的变化关系，本研究任选一典型的菜心试验过程，采用叶温作为物料的温度，从预冷初始计时，以考察重量损失量 ΔW（任意时刻重量与初始重量的差值）与温度 T 和时间 t 的数量关系，菜心冷却阶段试验数据如表 6.9 所示：

表 6.9 叶菜温度试验数据

时间/min	温度/℃	重量损失量 ΔW
9	29.47	11.11
9.17	28.64	14.29
9.33	28.05	15.87
9.5	27.48	20.64
9.67	27.08	20.64
9.83	26.69	23.81
10	26.08	26.99
10.17	25.78	28.57
10.33	25.1	36.51
10.5	24.59	42.86
10.67	24.03	49.21

（续上表）

时间/min	温度/℃	重量损失量 ΔW
10. 83	21. 73	69. 84
11	18. 47	98. 41
11. 17	14. 15	136. 51
11. 33	10. 44	165. 08
11. 5	7. 77	192. 07
11. 67	6. 23	212. 7
11. 83	4. 75	228. 57
12	4. 04	241. 28
12. 17	3. 35	252. 39
12. 33	2. 97	261. 91
12. 5	2. 43	271. 43
12. 67	1. 89	282. 55
12. 83	1. 48	292. 07
13	1. 88	293. 66
13. 17	2. 3	296. 82
13. 33	2. 7	298. 41
13. 5	2. 98	298. 41

解：对其进行多元线性回归分析，得

表 6.10　ANOVA[b]

Model		Sum of Squares	df	Mean Square	F	Sig.
1	Regression	357 089. 2	2	178 844. 588	1 162. 613	0. 000[a]
	Residual	3 839. 295	25	153. 572		
	Total	360 928. 5	27			

a. Predictors：（Constant），温度，时间；

b. Dependent Variable：重量损失量。

$F = 1\ 162. 613$，显著值 $= 0. 000 < 0. 05$，回归系数显著，即重量损失量 ΔW 与温度 T

和时间 t 之间有直线关系。

表 6.11 Coefficients[a]

Model		Unstandardized Coefficients		Standardized Coefficients	t	Sig.
		B	Std. Error	Beta		
1	(Constant)	16.149	74.484		0.217	0.830
	时间	21.721	5.751	0.258	3.777	0.001
	温度	-7.730	0.706	0.746	-10.942	0.000

a. Dependent Variable：重要损失量。

建立多元线性回归方程为：$\Delta W = 16.149 + 21.721t - 7.73T$

第7章 回归正交设计

7.1 引言

各种试验设计都是"选优"的方法。想使某个目标（效应）达到最好的结果，而这个目标（效应）是受一些独立（或可控制的）因素影响的，这样就需要找出这些独立因素的最优点。这种问题就是所谓最优化问题。

最优化问题有两类解决方法：一类是直接最优化方法，即在一定范围内，经过合理安排以较少的试验就获得问题的解答，第4章之前介绍的试验设计方法就属这类；另一类是间接最优化方法，即经过较多的试验，先找出目标（效应）和可控制变量的函数关系，然后求函数的最优解。这就是前几章介绍的回归方法。

这两种方法都存在一定缺陷。前一种方法，必须先知道最优值所在的大致范围，另外，试验分档要合适，否则将找不出最优值，因此带有一定的盲目性。而后一种方法，对试验不作什么安排，只是被动地处理得到的试验数据，每次试验得到的信息就不多，只好靠增加试验次数来弥补，增加了工作量。

本章要介绍的回归设计法实际上就是把试验设计与回归方法结合起来，克服古典回归方法被动的缺点，主动地把试验安排数据处理等问题统一考虑和研究，综合两种方法的优点，用较少的试验取得较佳的效果。这个方法有时也称为"试验设计最优化"问题。

回归设计内容相当丰富，有回归的正交设计、回归的旋转设计等。本章只介绍回归的正交设计，这是最常用、最有代表性的一种方法。按照回归模型的次数，又可分为一次回归设计及二次回归设计等。一般一次回归设计已能解决相当多的研究问题。

7.2 相关矩阵

在回归模型中，发展试验设计理论的出发点，是最小二乘法中的相关矩阵。各种试验设计法的目的，简言之，都是为了得到这个矩阵的某种优良结构，使之便于分析。

本章讨论的回归正交设计，就是把回归分析与正交试验设计两者结合起来，使这个矩阵的元素具有正交性，问题就变得易于分析了。

所谓相关矩阵，是指用最小二乘法解多元线性回归问题时，解正规方程组 $AB = D$ 所得到的 A 矩阵的逆矩阵 C（参看第 6 章）。

两个随机变量的相关关系，可由其协方差度量。可以证明，回归方程中任意两个回归系数的协方差为：

$$\mathrm{cov}(b_i, \ b_j) = \sigma^2 c_{ij} \qquad (i, \ j = 0, \ 1, \ 2, \ 3, \ \cdots, \ k) \qquad (7.1)$$

$$c_{ij} = \frac{1}{\sigma^2} \mathrm{cov}(b_i, \ b_j)$$

式中 c_{ij} 即矩阵 C 中的元素。

$$C = \begin{bmatrix} c_{00} & c_{01} & \cdots & c_{0k} \\ c_{10} & c_{11} & \cdots & c_{1k} \\ \vdots & \vdots & & \vdots \\ c_{k0} & c_{k1} & \cdots & c_{kk} \end{bmatrix} = \frac{1}{\sigma^2} \begin{bmatrix} v(b_0) & \mathrm{cov}(b_0, b_1) & \cdots & \mathrm{cov}(b_0, b_k) \\ \mathrm{cov}(b_1, b_0) & v(b_1) & \cdots & \mathrm{cov}(b_1, b_k) \\ \vdots & \vdots & & \vdots \\ \mathrm{cov}(b_k, b_0) & \mathrm{cov}(b_k, b_1) & \cdots & v(b_k) \end{bmatrix}$$

由此可见，矩阵 C 等于回归系数相关矩阵除以 σ^2，为简单计，我们就将 C 称为相关矩阵。

一般来说，

$$\mathrm{cov}(b_i, \ b_j) \neq 0$$

这就说明，用最小二乘法求得的回归方程

$$\hat{y} = b_0 + b_1 x_1 + b_2 x_2 + \cdots + b_k x_k$$

中各回归系数是相关的。因此，若某个变量经检验不显著而被剔除的话，其他变量的回归系数必须重新计算。这时新的回归方程（设 x_i 被剔除）为：

$$\hat{y} = b_0{}^* + b_1{}^* x_1 + b_2{}^* x_2 + \cdots + b_{i-1}{}^* x_{i-1} + b_{i+1}{}^* x_{i+1} + \cdots + b_k{}^* x_k$$

式中
$$b_j{}^* = b_j - \frac{c_{ij}}{c_{ii}} b_i \qquad (j \neq i) \qquad (7.2)$$

b_i，b_j 是原方程中的第 i，j 个回归系数，而 $\dfrac{c_{ij}}{c_{ii}} b_i$ 就反映了被剔除的 b_i 对 b_j 的影响。

如果能通过正确地安排试验，使得 $C_{ij} = 0$（$i \neq j$）的话，就有：

$$b_j{}^* = b_j$$

也就是说，只要能消除回归系数间的相关性，就能在剔除不显著变量后，不需要重新计算回归系数。这正是回归的正交设计的出发点。

7.3　一次回归的正交设计

在一次回归问题中，如果按正交设计的方法来安排试验，就能实现上一节中提出的清除回归系数间相关性的目的。

一次回归的正交设计主要用二水平正交表，具体方法如下：

1. 确定因子的变化范围

设要研究　$y = f(z_1, z_2, \cdots, z_k)$

式中　$z_{1j} \leqslant z_j \leqslant z_{2j}$ (7.3)

则 z_{1j}，z_{2j} 分别为变量 z_j 的下界和上界。在一次回归正交设计中，试验就安排在 z_{1j}，z_{2j} 上进行，所以这时又分别称它们为下水平与上水平。而

$$z_{0j} = \frac{z_{1j} + z_{2j}}{2} \tag{7.4}$$

称为 z_i 的零水平。它们的差的一半

$$\Delta_j = \frac{z_{2j} - z_{1j}}{2} \tag{7.5}$$

为变量 z 的变化区间。

2. 对 z_j 进行编码

所谓编码，就是将变量 z_j 的取值作如下的线性变换：

$$x_j = \frac{z_j - z_{0j}}{\Delta_j} \tag{7.6}$$

这样 x_j 的取值与 z_j 是一一对应的。而当 z_j 取下水平 z_{1j} 时，

$$x_{1j} = \frac{z_{1j} - z_{0j}}{(z_{2j} - z_{1j})/2} = -1 \tag{7.7}$$

当 z_j 取上水平 z_{2j} 时，

$$x_{2j} = \frac{z_{2j} - z_{0j}}{(z_{2j} - z_{1j})/2} = 1 \tag{7.8}$$

当 z_j 取零水平 z_{0j} 时，

$$x_{0j} = 0 \tag{7.9}$$

经过这样的编码后，达到了两个目的：

（1）不论原来各变量 z_j 的单位如何，编码后都成了 $[-1,1]$ 区间上的相对值，这就使之后求得的回归系数有了可比性。

（2）经过编码，当我们在上、下水平处安排试验时，各变量的取值都成了 1 或 -1，这就更方便我们采用二水平表安排试验。

3. 选择适当的二水平正交表

由于编码后各变量的试验水平均为 1 或 -1，为了简便，我们将二水平正交表中的"a"全部换为"-1"，这样一来，正交表中的"$+1$"与"-1"不仅表示变量不同水平状态，也表示该水平的具体数值。而且，经过这样的代换后，正交表的交互作用列还可直接由表中相应的列的对应元素相乘而得到，交互作用列也可不要了。表 7.1 中给出了几张常用的经过代换的二水平正交表。显然这种正交表与前述的二水平正交表并无本质的差异，故仍可用 $L_4(2^3)$，$L_8(2^7)$ 等符号表示。

表 7.1 常用二水平正交表

$L_4(2^3)$

试验号	x_1	x_2	x_3
1	1	1	1
2	1	-1	-1
3	-1	1	-1
4	-1	-1	1

$$L_8(2^7)$$

试验号	x_1	x_2	x_3	x_1x_2	x_1x_3	x_2x_3	$x_1x_2x_3$
1	1	1	1	1	1	1	1
2	1	1	-1	1	-1	-1	-1
3	1	-1	1	-1	1	-1	-1
4	1	-1	-1	-1	-1	1	1
5	-1	1	1	-1	-1	1	-1
6	-1	1	-1	-1	1	-1	1
7	-1	-1	1	1	-1	-1	1
8	-1	-1	-1	1	1	1	-1

$$L_{12}(2^{11})$$

试验号	x_1	x_2	x_3	x_4	x_5	x_6	x_7	x_8	x_9	x_{10}	x_{11}
1	1	1	1	1	1	1	1	1	1	1	1
2	1	1	1	1	1	-1	-1	-1	-1	-1	-1
3	1	1	-1	-1	-1	1	1	1	-1	-1	-1
4	1	1	-1	-1	-1	1	-1	-1	1	1	-1
5	1	-1	-1	1	-1	-1	1	-1	1	-1	1
6	1	-1	-1	-1	1	-1	-1	1	-1	1	1
7	-1	-1	1	1	-1	-1	1	-1	1	-1	1
8	-1	1	-1	1	-1	-1	-1	1	1	1	-1
9	-1	1	1	-1	-1	1	-1	-1	-1	1	1
10	-1	-1	-1	1	1	1	1	-1	-1	1	-1
11	-1	-1	-1	-1	1	-1	1	1	-1	-1	1
12	-1	-1	1	1	-1	1	-1	1	-1	-1	1

$$L_{16}(2^{15})$$

试验号	x_1	x_2	x_3	x_4	x_1x_2	x_1x_3	x_1x_4	x_2x_3	x_2x_4	x_3x_4	$x_1x_2x_3$	$x_1x_2x_4$	$x_1x_3x_4$	$x_2x_3x_4$	$x_1x_2x_3x_4$
1	1	1	1	1	1	1	1	1	1	1	1	1	1	1	1
2	1	1	1	-1	1	1	-1	1	-1	-1	1	-1	-1	-1	-1

（续上表）

试验号	x_1	x_2	x_3	x_4	x_1x_2	x_1x_3	x_1x_4	x_2x_3	x_2x_4	x_3x_4	$x_1x_2x_3$	$x_1x_2x_4$	$x_1x_3x_4$	$x_2x_3x_4$	$x_1x_2x_3x_4$
3	1	1	-1	1	1	-1	1	-1	1	-1	-1	1	-1	-1	-1
4	1	1	-1	-1	1	-1	-1	-1	-1	1	-1	-1	1	1	1
5	1	-1	1	1	-1	1	1	-1	-1	1	-1	-1	1	-1	-1
6	1	-1	1	-1	-1	1	-1	-1	1	-1	-1	1	-1	1	1
7	1	-1	-1	1	-1	-1	1	1	-1	-1	1	-1	-1	1	1
8	1	-1	-1	-1	-1	-1	-1	1	1	1	1	1	1	-1	-1
9	-1	1	1	1	-1	-1	-1	1	1	1	-1	-1	-1	1	-1
10	-1	1	1	-1	-1	-1	1	1	-1	-1	-1	1	1	-1	1
11	-1	1	-1	1	-1	1	-1	-1	1	-1	1	-1	1	-1	1
12	-1	1	-1	-1	-1	1	1	-1	-1	1	1	1	-1	1	-1
13	-1	-1	1	1	1	-1	-1	-1	-1	1	1	1	-1	-1	1
14	-1	-1	1	-1	1	-1	1	-1	1	-1	1	-1	1	1	-1
15	-1	-1	-1	1	1	1	-1	1	-1	-1	-1	1	1	1	-1
16	-1	-1	-1	-1	1	1	1	1	1	1	-1	-1	-1	-1	1

选用正交表的方法要根据参试变量的个数、所定的水平及交互作用的情况而定，基本和第 4 章 4.3 节同。按表设计的试验计划，和前述一样，也有：

$$
\begin{cases}
\text{任一列 } j \text{ 的和} \quad \sum_{i=1}^{n} x_{ij} = 0 & (7.10) \\
\text{任二列的内积} \quad \sum_{L=1}^{n} x_{Li} x_{Lj} = 0 & (7.11)
\end{cases}
$$

即具有正交性。式中 x_{ij} 等为编码值。

4. 回归系数的计算与统计检验

按正交设计进行 n 次试验，结果为 y_1，y_2，$\cdots$，y_n，其回归数学模型仍为：

$$y_i = \beta_0 + \beta_1 x_{i1} + \beta_2 x_{i2} + \cdots + \beta_k x_{ik} + \varepsilon_i \quad (i = 1,\ 2,\ \cdots,\ n) \quad (7.12)$$

其结构矩阵为：

$$X = \begin{bmatrix} 1 & x_{11} & x_{12} & \cdots & x_{1k} \\ 1 & x_{21} & x_{22} & \cdots & x_{2k} \\ \vdots & \vdots & \vdots & & \vdots \\ 1 & x_{n1} & x_{n2} & \cdots & x_{nk} \end{bmatrix}$$

正规方程组的系数矩阵为：

$$A = X'X = \begin{bmatrix} n & \sum x_{i1} & \sum x_{i2} & \cdots & \sum x_{ik} \\ \sum x_{i1} & \sum x_{i1}^2 & \sum x_{i1}x_{i2} & \cdots & \sum x_{i1}x_{ik} \\ \sum x_{i2} & \sum x_{i1}x_{i2} & \sum x_{i2}^2 & \cdots & \sum x_{i2}x_{ik} \\ \vdots & \vdots & \vdots & & \vdots \\ \sum x_{ik} & \sum x_{i1}x_{ik} & \sum x_{i2}x_{ik} & \cdots & \sum x_{ik}^2 \end{bmatrix}$$

由于试验是按正交设计进行的，由式（7.10）、（7.11）得：

$$A = \begin{bmatrix} n & & & & 0 \\ & \sum x_{i1}^2 & & & \\ & & \sum x_{i2}^2 & & \\ & & & \ddots & \\ 0 & & & & \sum x_{ik}^2 \end{bmatrix} = \begin{bmatrix} n & & & & 0 \\ & n & & & \\ & & \ddots & & \\ & & & \ddots & \\ 0 & & & & n \end{bmatrix}$$

则

$$C = A^{-1} = \begin{bmatrix} \dfrac{1}{n} & & & & 0 \\ & \dfrac{1}{n} & & & \\ & & \ddots & & \\ & & & \ddots & \\ 0 & & & & \dfrac{1}{n} \end{bmatrix} \qquad (7.13)$$

常数项矩阵 $D = \begin{bmatrix} \sum y_i \\ \sum x_{i1}y_i \\ \sum x_{i2}y_i \\ \vdots \\ \sum x_{in}y_i \end{bmatrix} = \begin{bmatrix} D_0 \\ D_1 \\ D_2 \\ \vdots \\ D_k \end{bmatrix}$

$\therefore \quad B = CD$，即

$$\begin{cases} b_0 = \dfrac{D_0}{n} = \dfrac{\sum y_i}{n} = \bar{y} \\ b_j = \dfrac{D_j}{n} = \dfrac{\sum x_{ij}y_i}{n} \ (j = 1,\ 2,\ \cdots,\ k) \end{cases} \tag{7.14}$$

由式（7.13）我们还可看到，在矩阵 C 中，

$$C_{ij} = 0 \quad (i \neq j)$$

这时就如 7.2 节中分析的，已消除了各回归系数间的相关性，这样建立的回归方程，当经过显著性检验后有某个变量需要剔除时，其他回归系数都不需改变，这是回归正交设计的最大特点。

再看正交设计结果的显著性检验。由式（6.39），偏回归平方和一般式为：

$$u_i = \frac{b_i^2}{C_{ii}}$$

而在正交设计中，$C_{ii} = \dfrac{1}{n}$

$$\therefore \qquad\qquad\qquad u_i = nb_i^2 \tag{7.15}$$

这就说明，在用正交设计法求得的回归方程中，各偏回归平方和与相应的 b_i 的平方成正比，b_i 绝对值的大小反映了该变量 x_i 在过程中的作用大小。这是由于经过编码后求得的回归系数与各变量 x_i 的单位和取值的绝对大小无关，和第 4 章中的标准回归系数的情况类似。

因此，在要求不太高时，一次回归正交设计可省去方差分析，直接比较各 b_i 的大

小来确定各变量的作用，对于那些与零相差不多的回归系数，可以直接剔除，而不必重新计算其他回归系数。

为了使用方便，我们将计算和显著性检验的过程列表如下，供参考。

表 7.2　一次回归正交设计计算表

试验号	x_0	x_1	x_2	$\cdots$	x_k	y
1	1	x_{11}	x_{12}	$\cdots$	x_{1k}	y_1
2	1	x_{21}	x_{22}	$\cdots$	x_{2k}	y_2
$\vdots$	$\vdots$	$\vdots$	$\vdots$	$\vdots$	$\vdots$	$\vdots$
n	1	x_{n1}	x_{n2}	$\cdots$	x_{nk}	y_n
D_j	$\sum y_i$	$\sum x_{i1} y_i$	$\sum x_{i2} y_i$	$\cdots$	$\sum x_{ik} y_i$	$\sum y_i^2$
$b_j = D_j/n$	D_0/n	D_1/n	D_2/n	$\cdots$	D_k/n	$SS_{\text{总}} = \sum y_i^2 - D_0^2/n$
$u_i = b_i D_j$	u_0	u_1	u_2	$\cdots$	u_k	$SS_{\text{剩}} = SS_{\text{总}} - (u_1 + \cdots + u_k)$

表 7.3　一次回归正交设计方差分析

来源	平方和	自由度	均方	F
x_1	$u_1 = D_1^2/n$	1	u_1	$u_1/[SS_{\text{剩}}/(n-k-1)]$
x_2	$u_2 = D_2^2/n$	1	u_2	$u_2/[SS_{\text{剩}}/(n-k-1)]$
$\vdots$	$\vdots$	$\vdots$	$\vdots$	$\vdots$
x_k	$u_k = D_k^2/n$	1	u_k	$u_k/[SS_{\text{剩}}/(n-k-1)]$
回归	$SS_{\text{回}} = u_1 + u_2 + \cdots + u_k$	k	$SS_{\text{回}}/k$	$\dfrac{(u_1 + u_2 + \cdots + u_k)/k}{SS_{\text{剩}}/(n-k-1)}$
剩余	$SS_{\text{剩}} = SS_{\text{总}} - SS_{\text{回}}$	$n-k-1$	$SS_{\text{剩}}/(n-k-1)$	
总计	$SS_{\text{总}} = \sum y_i^2 - D_0^2/n$	$n-1$		

5. 交互作用

多元回归中各变量间一般也是存在着交互作用的，当这种交互作用很小时，可以不必考虑。下面考虑有交互作用存在的情况。由于正交表中也可以安排交互作用列，故这时试验仍可作正交设计。

在引入交互作用项后，回归方程就不是线性了。但交互作用项 $x_i x_j$ 的回归系数 b_{ij}，其计算和检验完全与线性项 x_j 一样，因为在正交表中，变量项与交互作用项都占一列，

它们的地位是一样的。回归系数 b_{ij} 的计算公式为:

$$b_{ij} = D_{ij}/n \tag{7.16}$$

式中,$D_{ij} = \sum x_{ii} x_{ij} y_i$ $(i, j = 1, 2, \cdots, k \quad i \neq j)$。

检验显著性用的偏回归平方和:

$$u_{ij} = b_{ij} D \tag{7.17}$$

在有交互作用时,可按表 7.1 来选用二水平正交表,如有 2 个自变量时可选用 $L_8(2^7)$ 表,表中有 4 列可排交互作用。如果这些交互作用都显著,都需要引入时,正交表上就没有空列,和第 4 章时的情况一样,这时就没有剩余平方和,要作检验,就要做重复试验。

反过来,如果交互作用不显著,我们仍用 $L_8(2^7)$ 表安排 3 个变量的话,正交表上就会有较多的空白列,剩余自由度也较多,有利于提高精度。也可利用这些列来多安排些因素,减少试验次数。例如,如果在 $L_8(2^7)$ 表中安排 4 个因素的话,仍做 8 次试验,就相当于 4 因素二水平全因子试验的 1/2 实施,再多加一个因素,就相当于全因子试验的 1/4 实施,类似地可有 1/8 实施、1/16 实施等。

在用部分实施法安排试验时,一定要先弄清楚哪些交互作用可以忽略才行,否则易产生混杂。

6. 试验误差的估计

如上面所述,当正交表中各列均排满因子或交互作用时,则无空列估计误差以进行显著性检验,这时就需要重复试验,另外,即使有空列估计误差,检验的结果也只说明我们考虑的变量的一次项影响是否主要,并不能保证一次模型为最好。要搞清这点,同样有赖于重复试验。做法可参看第 4 章。

如全面重复试验有困难时,可在 0 水平处设 m 次重复试验,估计试验误差,并进行方差分析,检验失拟部分 (lack of fit),也可作 t 检验。

例如,在 0 水平处的 m 次重复试验的结果为:

$$y_{01}, y_{02}, \cdots, y_{0m}$$

则
$$\bar{y}_0 = \frac{\sum_{i=1}^{m} y_{0i}}{m} \tag{7.18}$$

为 0 水平处的平均值。

检验 $\bar{y}_0$ 与所得的回归方程中的常数项 $b_0 = \frac{1}{n}\sum y_i = \bar{y}$ 这两个平均数差异的显著性，即进行 t 检验。如两平均数无显著差异，则说明在此区域中心一次回归模型与实测值拟合得很好；如果差异显著（在某显著水平下），就表明用一次回归来拟合还是不够确切，特别是在区域中心处。此时就有必要建立高次回归方程。所以这种 t 检验实际上是检验一次回归模型的好坏，从而确定有无二次或高次回归的必要。

t 检验的方法如下：如在 0 水平处进行 m 次试验，先求出 0 水平处的平方和

$$SS_0 = \sum_1^m (y_{0i} - \bar{y}_0)^2,\ f_0 = m - 1 \tag{7.19}$$

式中，y_{0i} 表示 0 水平处的第 i 次试验结果，f_0 表示 0 水平处试验的自由度。将 SS_0 与剩余平方和混合求 t 值：

$$t = \frac{|b_0 - \bar{y}_0|\sqrt{f_{剩} + f_0}}{\sqrt{SS_{剩} + SS_0} \cdot \sqrt{\dfrac{1}{n} + \dfrac{1}{m}}} \tag{7.20}$$

如所求得的 t 值 $< t_j(f_{剩} + f_0)$，说明 b_0 与 $\bar{y}_0$ 无显著差异，用一次回归拟合得很好，否则就说明拟合得不好，需作二次或高次回归分析。

7.4　一次回归正交设计的应用

一次回归正交设计可以解决相当大部分的回归分析问题，它又是二次或更高次回归的基础，由于清除了回归系数间的相关性，计算简便，故应用很广，常用以确定最佳工艺条件和筛选因子。最佳工艺条件（或配方）的确定可根据回归系数进行。回归系数绝对值的大小表示因子的重要程度，回归系数的正负表明应取哪一水平。一次回归设计也可用以寻找最优区域，快速登高法中的梯度方向就可用一次回归方程的系数确定。

例7.1　用一次回归正交设计试验来建立国产 3k1310A 型硬质合金不重磨刀片切削力 p_z 的经验公式。

由专业知识可知，影响切削力的主要因素是切削深度 t、走刀量 s 和切削速度 v，并知道它们之间有如下的函数关系：

$$p_z = ct^x s^y v^{z_p} \tag{7.21}$$

现在要经过试验建立控制（或预测）切削力的公式。

先两边取对数变成如下线性方程：

$$y = a_0 + a_1z_1 + a_2z_2 + a_3z_3 \qquad (7.22)$$

式中 z_1，z_2，z_3 分别为 $\lg t$，$\lg s$，$\lg v$；a_0，a_1，a_2，a_3 分别为 $\lg c$，x，y，z_p。

回归设计的目的是要求出式（7.21）中的常数 c 及指数 x，y，z_p 的值。

试验数据及方案如表 7.4 所示。

首先对式（7.22）中各线性因素 z_j $(j=1$，2，$3)$ 进行编码。

按式（7.4）~（7.6），可得：

$$x_{1s} = \frac{2\ (\lg t_s - \lg 3.5)}{\lg 3.5 - \lg 0.5} + 1 = 1$$

$$x_{1x} = \frac{2\ (\lg t_x - \lg 3.5)}{\lg 3.5 - \lg 0.5} + 1 = -1$$

表 7.4　试验数据

试验编号	试验因素							
	切削深度 t/mm		走刀量 s/（mm/r）		切削速度 v/（m/min）		主切削力 p_z/kg	
	水平	数值	水平	数值	水平	数值	水平	数值
1	t_s	3.5	s_s	0.5	v_s	110	P_{z1}	291
2	t_s	3.5	s_s	0.5	v_x	70	P_{z2}	303
3	t_s	3.5	s_x	0.2	v_s	110	P_{z3}	153
4	t_s	3.5	s_x	0.2	v_x	70	P_{z4}	177
5	t_x	0.5	s_s	0.5	v_s	110	P_{z5}	45
6	t_x	0.5	s_s	0.5	v_x	70	P_{z6}	48
7	t_x	0.5	s_x	0.2	v_s	110	P_{z7}	21
8	t_x	0.5	s_x	0.2	v_x	70	P_{z8}	30

同理
$$x_{2s} = 1 \qquad x_{2x} = -1$$
$$x_{3s} = 1 \qquad x_{3x} = -1$$

经过编码后，y 对 z_1，z_2，z_3 的回归问题就转化为 y 对 x_1，x_2，x_3 的回归问题，即

$$\hat{y} = b_0 + b_1 x_1 + b_2 x_2 + b_3 x_3$$

本试验采用 $L_8(2^7)$ 正交表进行设计，交互作用项放在三因素以外的其余各列中，为了估计出常数项 b_0，在正交表中添加 x_0 列。试验设计及结果计算见表 7.5。

表 7.5　试验计算结果

试验因素	t	$z_1 = \lg t$	s	$z_2 = \lg S$	v	$z_3 = \lg v$					
零水平 0		0.122		−0.500		1.943					
上水平 1	5	0.544	0.5	−0.301	110	2.041					
下水平 −1	0.5	−0.301	0.2	−0.699	70	1.345					
因素的编号	X_0	X_1	X_2	X_3	X_1X_2	X_1X_3	X_2X_3	$X_1X_2X_3$	P	$y = \lg P_z$	y^2
试验号　1	1	1	1	1	1	1	1	1	291	2.464	6.071
2	1	1	1	−1	1	−1	−1	−1	303	2.481	6.155
3	1	1	1	1	−1	1	−1	−1	153	2.185	4.774
4	1	1	−1	−1	−1	−1	1	1	177	2.248	5.054
5	1	−1	1	1	−1	−1	1	−1	45	1.653	2.732
6	1	−1	1	−1	−1	1	−1	1	48	1.681	2.326
7	1	−1	−1	1	1	−1	−1	1	21	1.322	1.748
8	1	−1	−1	−1	1	1	1	−1	30	1.477	2.182
$\sum x_j^2 = n$	8	8	8	8	8	8	8	8	\multicolumn{3}{l}{$\sum y = 15.511\quad \sum y^2 = 31.542$}
$D_j = X_j y$	15.511	3.254	1.047	−0.268	−0.023	0.109	0.173	−0.031	\multicolumn{3}{l}{$SS_{总} = \sum y^2 - (\sum y)^2/n = 1.468$}
$b_j = D_j / n$	1.939	0.406	0.131	−0.033	−0.003	0.013	0.022	−0.010	\multicolumn{3}{l}{$u = u_1 + u_2 + u_3 = 1.463$}
$u_j = b_j D_j$		1.317	0.137	0.009					\multicolumn{3}{l}{$SS_{剩} = SS_{总} - u = 0.005$}
$F_j = \dfrac{u_j}{SS_{剩}/(n-k-1)}$		1 054	110	7.2					\multicolumn{3}{l}{$F = \dfrac{u/k}{SS_{剩}/(n-k-1)} = 363$}
显著性（α）		0.01	0.01	0.1					\multicolumn{3}{l}{$F_{0.01}(3,4) = 16.7$}

从表中可以看出 x_1，x_2，x_3 的各种交互作用都微不足道，可把它们归于剩余项中（$SS_{剩}$），用以检验主效应的显著性。

结果 x_1，x_2 均极显著，x_3 在 0.1 水平上显著，可知影响切削力的主要因素是 t 及 s，所配的回归方程为：

$$\hat{y} = 1.939 + 0.406x_1 + 0.131x_2 - 0.033x_3$$
$$= 3.309 + 0.961\lg t + 0.658\lg s - 0.337\lg v$$

最后的切削力公式为：$P_z = 6.441t^{0.96}s^{0.66}v - 0.34$

对回归方程进行检验，结果显示 F 高度显著。

$$F = \frac{SS_{回}/3}{SS_{剩}/4} = 363 > F_{0.01,3,4} = 16.7$$

这说明一次回归配合得很好。

这个试验没有设置重复，所以只能用交互作用项估计误差。如交互作用显著的话，正交表上余下估计误差的空列就少了，而且误差自由度太小也不恰当。最好设置重复，每试号重复到二次，则纯误差可获得 s 个自由度。其误差平方和可用每试号内的差数计算：

$$SS_0 = \frac{1}{2}(y_{i1} - y_{i2})^2 \tag{7.23}$$

式中，y_{i1} 表示 i 行第一次重复试验结果，y_{i2} 表示 i 行第二次重复试验结果。

如果试验设置全面的重复有困难，则可在 0 水平处多做几次重复以估计误差。

例7.2 拖拉机前轮摆振是一个影响因素较多、机理复杂的问题。为研究其数学模型，在东方红–30 拖拉机上安排了一组回归正交试验，试验因素为主销后倾、前束和前轮载荷，检验指标为一个反映振动性质和程度的综合评分指标。

试验采用 $L_8(2^7)$ 正交表安排。各因素水平及试验分析结果见表 7.6（材料选自《拖拉机》1994 年第 2 期《拖拉机前轮摆振的正交试验分析》）。

表 7.6　拖拉机前轮摆振试验数据及计算结果

试验因素	α（后倾角/°）	ΔB（前束/mm）	G（载荷/Kgf）	
0 水平	2	14.5	350	
区间 Δj	2	10.5	50	
上水平	4	25	400	
下水平	0	4	300	

（续上表）

序号	编码				
	X_0	X_1	X_2	X_3	Y
1	1	1	1	1	1
2	1	1	1	-1	1.5
3	1	1	-1	1	3.5
4	1	1	-1	-1	3
5	1	-1	1	1	2.5
6	1	-1	1	-1	3
7	1	-1	-1	1	4
8	1	-1	-1	-1	4
9	1	0	0	0	2.5
10	1	0	0	0	2.5
$\sum X_j^2 = n$	10	8	8	8	$\sum Y = 27.5$　$\sum Y^2 = 84.25$
$D_j = \sum X_j Y$	27.5	-4.5	-6.5	-0.5	$SS_T = \sum Y^2 - (\sum Y)^2/N = $ 84.25 - 75.625 = 8.625
$b_j = D_j/n$	2.75	-0.563	-0.813	-0.063	$SS_R = u_1 + u_2 + u_3 = 2.534 + $ 5.285 + 0.032 = 7.851
$u_j = b_j D_j$	75.625	2.534	5.285	0.032	$SS_{PE} = \sum Y_0^2 - (\sum Y_0)^2/m = 0$
$F_j = u_j/MS_e$		19.64 **	40.97 **	0.248	$SS_e = SS_T - SS_R = 0.774$
$F_{0.01}(1, 6)$	13.75				$MS_e = SS_e/(n - k - 1) = 0.774/6 = $ 0.129

注：表中 SS_{PE} 表示纯误差，$\bar{y}_0$ 表示 0 水平处的 y 值，m 表示 0 水平处的重复次数。

　　从上面的计算及检验结果可知，后倾与前束的影响是非常显著的，而前轮载荷的影响不明显，可从回归方程中剔除。配得回归方程为（不需重新计算其他回归系数）：

$$\hat{y} = 2.75 - 0.563x_1 - 0.213x_2$$

　　值得指出的是，本试验的值是综合评分值，打分的间隔较大，所以在 0 水平处做的重复试验的误差显示不出来，无法作纯误差的检验。但如前所述，我们可用 0 水平处做的重复试验的平均值 y_0 与所得回归方程中的常数项 $b_0 = \dfrac{1}{n}\sum y_i$ 进行差异显著性的 t 检验。由式（7.20）：

$$t = \frac{|b_0 - \bar{y}_0|\sqrt{f_{剩} + f_0}}{\sqrt{SS_{剩} + SS_0} \cdot \sqrt{\dfrac{1}{n} + \dfrac{1}{m}}}$$

式中，$SS_0 = \sum\limits_{1}^{m}(y_{0i} - \bar{y}_0)^2$，$f_0 = m - 1$。

代入数值计算：$t = 1.404 < t_{0.05,8} = 2.31$

可见，b 与 y 并无显著差异，说明在区域中心，上面配得的一次回归与实测值还是拟合得好的。

7.5 快速登高法

快速登高法是一种快速寻找最优值区域的方法。在上面讨论回归正交设计时，都是在假定已确定了最佳值的可能范围情况下进行的。如果事先并不知道这个范围，则还要先来寻找这个范围，即最优值区域。

快速登高法属效应面方法。

效应面方法（response surface methodology，RSM）是指这样一种试验统计技术：通过分析几个独立变量对一个非独立变量（效应）的影响，找出效应的最优值及这时各独立变量的值。

用 x_1，x_2，$\cdots$，x_k 表示独立变量，假设它们是连续的，可由试验者控制，误差可忽略；效应记为 y，假设为一随机变量。

以两个独立变量情况为例，观察值 y 与 x_1、x_2 的关系：

$$y = f(x_1 \cdot x_2) + \varepsilon \tag{7.24}$$

式中，ε 是随机误差分量。如果我们将效应的期望值记为 $E(y) = \eta$，那么由 $\eta = f(x_1, x_2)$ 代表的表面就叫作一个效应面，如图 7.1 所示，设 $E(y) = \eta$ 轴垂直于纸面，则期望效应值就可用连续的等高线画出。

在大多数情况下，效应和独立变量间的关系的形式是不知道的。这样，RSM 法的第一步就是要寻找一个适当的近似函数 f（效应面），第二步是根据这个函数 f，寻找效应的最优值。

　　然而，如果我们对最优值的可能位置了解不多，需要在较大范围内搜寻的话，首先需要找出在大范围内都能合适的近似函数 f，一般说将是一个很复杂的函数，这将使问题变得很复杂。

　　为解决这个问题，可采用这样的方法：将需要搜寻的大范围看成由许多小区域组成。设最优值所在的区域为最优区。首先，根据经验或已获得的信息，选取一个起始区域进行试验，通过对试验结果的分析，变换试验区域，向最优区靠拢。如图 7.2，这时我们的做法就有如"登山"，山顶就是最优效应点，所以我们称此法为"登山法"（如最优值是最小值，这个过程就有如下山，寻找山谷底，不妨也叫"登山"）。

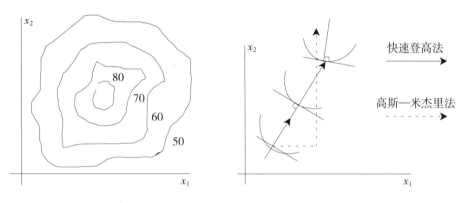

图 7.1　效应面等高线图　　　　　　图 7.2　快速登高法

　　正如登山可走不同的路一样，用登山法寻优也可用不同的方法，我们的目的是迅速有效地接近最优区。

　　人们习惯于使用的寻找最优区域的方法是古老的高斯—米杰里法。其做法是：如有 k 个独立变量，先固定 $k-1$ 个，只让一个变动，取其最优水平予以固定；然后变动第二个，达到最优水平后又固定住，如此重复下去，直到找到最优值为止。这种方法，每个因素都要反复试验，所以工作量较大。

　　本节要介绍的是快速登高法，又称陡度法，就是说，沿着最陡方向（即效应增长最快的方向）向山顶前进。这个最陡方向，即数学上的"梯度方向"，由场论可知：多元函数 $y = f(x_1, x_2, \cdots, x_k)$ 在点 $i(x_{i1}, x_{i2}, \cdots, x_{ik})$ 的梯度是一个 k 维向量，它的分量就是在这一点的 k 个偏导数。

$$\left(\frac{\partial y}{\partial x_1}, \frac{\partial y}{\partial x_2}, \cdots, \frac{\partial y}{\partial x_k} \right) \tag{7.25}$$

　　这个向量决定的方向就叫作这一点的梯度方向，梯度方向是多元函数值 y 增长最快的方向。

快速登高法与高斯—米杰里法各自的特点可由图 7.2 表示。后一种方法试验点在因子空间中是沿着平行于坐标轴的方向运动的，而前一种方法试验点是沿着陡度方向，大大缩短了试验路径。因素越多，效果越显著。

在快速登高法中我们也可运用回归正交设计来安排和分析试验。如前所述，效应面可看成一座山峰（或山谷），在到达峰顶（或谷底）之前，在局部小区域内，我们可以将效应面近似看作一次面（$k+1$）维空间中的一个（$k+1$ 维平面），这时其回归方程是一个一次回归方程：

$$\hat{y} = b_0 + b_1 x_1 + b_2 x_2 + \cdots + b_k x_k$$

对方程求各 x_i 的偏导数，可知梯度方向正好是由回归系数组成的向量（b_1，b_2，$\cdots$，b_k）。沿着这个方向进行试验，直到观察不到效应的进一步增长为止。然后，再拟合一个新的一次模型决定一个梯度方向。将这个过程继续下去，就能很快向最优区靠拢，这通常可由一次模型的失拟看出，这时就应使用一个更精确的模型（如二次效应面模型）来分析，以找出最优值。

具体的做法是：

（1）在效应面上找一个适当的小区域作为试验的起始区域，即对每个因子选择适当的 0 水平（z_{01}，z_{02}，$\cdots$，z_{0k}）和相对较小的变化区域（Δ_1，Δ_2，$\cdots$，Δ_k），然后进行编码，并按一次回归正交设计的方法选择合适的正交表安排一组试验。

（2）由试验结果，算出编码空间中一次回归的回归系数 b_1，b_2，$\cdots$，b_k，然后可沿着梯度（b_1，b_2，$\cdots$，b_k）的方向选取新试验点。我们知道，对梯度乘以一个不为 0 的正数后，梯度方向不变，所以，可取新的

$$x_j = \frac{z_j - z_{0j}}{\Delta_j} = p \cdot b_j \tag{7.26}$$

在因子空间中坐标为：

$$(z_{01} + p\Delta_1 b_1,\ z_{02} + p_0 \Delta_2 b_2,\ \cdots,\ z_{0k} + p_0 \Delta_k b_k)$$

当 p 取 1，2，$\cdots$，m 时，就得到了含有 m 个试验的快速登高法的试验计划，如表 7.7 所示。

表 7.7　快速登高法的试验设计

试验号	快速登高法的坐标				试验结果
	z_1	z_2	$\cdots$	z_k	
1	$z_{01} + o\Delta_1 b_1$	$z_{02} + o\Delta_2 b_2$	$\cdots$	$z_{0k} + o\Delta_k b_k$	y_1
2	$z_{01} + 2o\Delta_1 b_1$	$z_{02} + 2o\Delta_2 b_2$	$\cdots$	$z_{0k} + 2o\Delta_k b_k$	y_2
$\vdots$	$\vdots$	$\vdots$		$\vdots$	$\vdots$
m	$z_{01} + mo\Delta_1 b_1$	$z_{02} + mo\Delta_2 b_2$	$\cdots$	$z_{0k} + mo\Delta_k b_k$	y_m

（3）按快速登高法的试验计划进行 m 次试验，这 m 次试验都在同一梯度方向上进行。至于 m 等于多少，要看试验结果 y 的值是否朝着我们期望的方向变化而定。

（4）假如第 m 个试验点上，y 值变化的方向与第 $m-1$ 个点相反，即与所期望的方向相反，那就以第 $m-1$ 个点为新的起点（0 水平点），重复上述过程。这种重复直至能找到满足试验者的工艺指标为止。

例 7.3　一农业化学工程师拟设置操作条件以获得农药产品的最优得率。两个可控的变量可直接影响产品的得率，即反应时间及反应温度。在通常情况下操作反应时间为 35min，温度为 155°F，结果得率在 40% 左右。由于这个得率不像已经达到最佳值，试在一次回归正交试验的基础上，用快速登高法寻找最优区间。

试验计划采用表 $L_4(2^3)$，计算分析结果见表 7.8。

表 7.8　试验数据分析表

试验因素	z_1		z_2		
0 水平	35		155		
区间 Δj	5		5		
上水平	40		160		
下水平	30		150		
编码	x_0	x_1	x_2	x_3	y
1	1	-1	-1	1	39.3
2	1	-1	1	-1	40.0
3	1	1	-1	-1	40.9
4	1	1	1	1	41.5
5	1	0	0		40.3

（续上表）

编码	x_0	x_1	x_2	x_3	y
6	1	0	0		40.5
7	1	0	0		40.7
8	1	0	0		40.2
9	1	0	0		40.6
$\Sigma x_j^2 = n$	9	4	4	4	$\Sigma y = 364$　　$\Sigma y^2 = 14\,724.78$
$D_j = \Sigma x_j y$	364	3.1	1.3	-0.1	$SS_T = 14\,724.78 - 364^2/9 = 3.002\,2$
$b_j = D_j/n$	40.44	0.775	0.325	-0.025	$SS_R = u_1 + u_2 = 2.402\,5 + 0.422\,5$ $= 2.825$
$u_j = b_j D_j$	14\,721.8	2.402\,5	0.422\,5		$SSe = SS_T - SS_R = 0.177\,2$
$F_j = u_j/MS_e$		$-81.3°$	$14.30°$		$MS_e = SS_e/(n-k-1) = 0.177\,2/6$ $= 0.029\,5\,3$
$F_{0.01}(1,6)$	13.75				$SS_{PE} = \Sigma y_0^2 - (\Sigma y_0)^2/m = 0.172\,0$

注：表中 SS_{PE} 表示纯误差，y_0 表示 0 水平处的 y 值，m 表示 0 水平处的重复次数。

这里需要注意的是，本设计是 2^2 的全面分析试验并在中点（0 水平）扩展 5 次重复，以便于估计误差。

从上表的计算可配得一次回归方程

$$\hat{y} = 40.44 + 0.775x_1 + 0.325x_2$$

经 F 检验，两个回归系数平方和都非常显著，互作不显著，可归到误差项中。这说明这个方程配合得是适当的。

如作方差分析，可写成表 7.9。表中失拟项 SS_L 的方差很小，不显著，可归并入误差项。

表 7.9　方差分析表

变因	平方和	自由度	MS	F
回归	2.825	2	1.412\,5	47.82**
误差（含下两项）	0.177\,2	6	0.029\,5	
（失拟）	(0.005\,2)	2	0.002\,6	0.06

（续上表）

变因	平方和	自由度	MS	F
（纯误差）	（0.172 0）	4	0.043 0	
总计	3.002 2	8		

现在我们要从点（$x_1=0$，$x_2=0$）开始沿梯度方向（0.775，0.325）快速登高。工程师期望控制时间 z_1 的变化间隔为 5min，则

$$o\Delta_1 b_1 = 5,$$

$$o = \frac{5}{5 \times 0.775} = 1.29$$

$$x_1 = p_0 b_1 = p \times 1.29 \times 0.775 \quad (p=1,2,\cdots,m)$$

$$x_2 = p_0 b_2 = p \times 1.29 \times 0.35 = 0.451\,5p \quad (p=1,2,\cdots,n)$$

试验结果如表 7.10 所示。在前 10 次试验中可看到效应增加，然而，到了第 11 步产量减少了，这样，在点($z_1=85$，$z_2=175.970$)附近需要重新确定另一回归方程。变化区域定为 z_1 是（80，90），z_2 是（170，180）。这样，编码变量是

$$x_1 = \frac{z_1-85}{5}, \quad x_2 = \frac{z_2-175}{5}$$

表 7.10　快速登高试验结果

试验号	编码变量		原来变量		效应（试验结果）
	x_1	x_2	z_1	z_2	y
起点	0	0	35	35	
1	1	0.419 4	40	157.097	41.0
2	2	0.838 8	45	159.194	41.9
3	3	1.257 3	50	161.287	43.1
⋮	⋮	⋮	⋮	⋮	⋮
10	10	4.194 0	85	175.970	80.3
11	11	4.613 4	90	178.067	79.2

同样，在 0 水平处做了 5 次重复试验，以确定误差。

按表中编码数据拟合的一次方程为

$$\hat{y} = 78.97 + 1.0x_1 + 0.50x_2$$

试验结果如表 7.11 所示。

这个模型的方差分析见表 7.12，失拟量的检验在 1% 水平上显著，这样可认为在这个区域一次模型已不是一个适当的近似模型。真实表面已出现弯曲，说明已到达最优区了，这时要用二次模型作进一步的分析，以便更准确地决定最优值。由于篇幅有限，这里就不赘述了。

表 7.11　第二次正交回归的试验结果

试验号	编码变量		原来变量		效应（试验结果）
	x_1	x_2	z_1	z_2	y
1	− 1	− 1	80	170	76.5
2	− 1	1	80	180	77.0
3	1	− 1	90	170	78.0
4	1	1	90	180	79.5
5	0	0	85	175	79.9
6	0	0	85	175	80.3
7	0	0	85	175	80.0
8	0	0	85	175	79.7
9	0	0	85	175	79.2

表 7.12　方差分析表

方差来源	平方和	自由度	方差	F_0
回归	5	2		
剩余	11.12	6		
（失拟）	（10.909 8）	2	504 540	102.91 **
（纯误差）	（0.212 0）	4	0.053 0	
总计	16.12	3		

附录1 常用正交表

一、$L_4(2^3)$

试验号	列号		
	x_1	x_2	x_3
1	1	1	1
2	2	1	2
3	1	2	2
4	2	2	1

二、$L_8(2^7)$

试验号	列号						
	1	2	3	4	5	6	7
1	1	1	1	2	2	1	2
2	2	1	2	2	1	1	1
3	1	2	2	2	2	2	1
4	2	2	1	2	1	2	2
5	1	1	2	1	1	2	2
6	2	1	1	1	2	2	1
7	1	2	1	1	1	1	1
8	2	2	2	1	2	1	2

三、$L_{16}(2^{15})$

试验号	列号														
	1	2	3	4	5	6	7	8	9	10	11	12	13	14	15
1	1	1	1	2	2	1	2	1	2	2	1	1	1	2	2
2	2	1	2	2	1	1	1	1	1	2	2	1	2	2	1
3	1	2	2	2	2	2	1	1	2	1	2	1	1	1	1
4	2	2	1	2	1	2	2	1	1	1	1	1	2	1	2
5	1	1	2	1	1	2	2	1	2	2	2	2	2	1	2
6	2	1	1	1	2	2	1	1	1	2	1	2	1	1	1
7	1	2	1	1	1	1	1	1	2	1	1	2	2	2	1
8	2	2	2	1	2	1	2	1	1	1	2	2	1	2	2
9	1	1	1	1	2	2	1	2	1	1	2	1	2	2	2
10	2	1	2	1	1	2	2	2	2	1	1	1	1	2	1
11	1	2	2	1	2	1	2	2	1	2	1	2	1	1	1
12	2	2	1	1	1	1	1	2	2	2	2	1	1	1	2
13	1	1	2	2	1	1	2	1	1	1	1	2	1	1	2
14	2	1	1	2	2	1	2	2	2	1	2	2	2	1	1
15	1	2	1	2	1	2	2	2	1	2	2	2	1	2	1
16	2	2	2	2	2	2	1	2	2	2	1	2	2	2	2

四、$L_{12}(2^{11})$

试验号	列号										
	1	2	3	4	5	6	7	8	9	10	11
1	1	1	1	2	2	1	2	1	2	2	1
2	2	1	2	1	2	1	1	2	2	2	2
3	1	2	2	2	2	2	1	2	2	1	1
4	2	2	1	1	2	2	2	2	1	2	1

（续上表）

试验号	列号										
	1	2	3	4	5	6	7	8	9	10	11
5	1	1	2	2	1	2	2	2	1	2	2
6	2	1	2	1	1	2	2	1	2	1	1
7	1	2	1	1	1	1	2	2	2	1	2
8	2	2	1	2	1	2	1	1	2	2	2
9	1	1	1	1	2	2	1	1	1	1	2
10	2	1	1	2	1	1	1	2	1	1	1
11	1	2	2	1	1	1	1	1	1	2	1
12	2	2	2	2	2	1	2	1	1	1	2

五、$L_9(3^4)$

试验号	列号			
	1	2	3	4
1	1	1	3	2
2	2	1	1	1
3	3	1	2	3
4	1	2	2	1
5	2	2	3	3
6	3	2	1	2
7	1	3	1	3
8	2	3	2	2
9	3	3	3	1

六、$L_{27}(3^{13})$

试验号	列号												
	1	2	3	4	5	6	7	8	9	10	11	12	13
1	1	1	3	2	1	2	2	3	1	2	1	3	3
2	2	1	1	1	1	1	3	3	2	1	1	2	1
3	3	1	2	3	1	3	1	3	3	3	1	1	2
4	1	2	2	1	1	2	2	2	3	1	3	1	1
5	2	2	3	3	1	1	3	2	1	3	3	3	2
6	3	2	1	2	1	3	1	2	2	2	3	2	3
7	1	3	1	3	1	2	2	1	2	3	2	2	2
8	2	3	2	2	1	1	3	1	3	2	2	1	3
9	3	3	3	1	1	3	1	1	1	1	2	3	1
10	1	1	1	1	2	3	3	1	3	2	3	3	2
11	2	1	2	3	2	2	1	1	1	1	3	2	3
12	3	1	3	2	2	1	2	1	2	3	3	1	1
13	1	2	3	3	2	3	3	3	2	1	2	1	3
14	2	2	1	2	2	2	1	3	3	3	2	3	1
15	3	2	2	1	2	1	2	3	1	2	2	2	2
16	1	3	2	2	2	3	3	2	1	3	1	2	1
17	2	3	3	1	2	2	1	2	2	2	1	1	2
18	3	3	1	3	2	1	2	2	3	1	1	3	3
19	1	1	2	3	3	1	1	2	2	2	2	3	1
20	2	1	3	2	3	3	2	2	3	1	2	2	2
21	3	1	1	1	3	2	3	2	1	3	2	1	3
22	1	2	1	2	3	1	1	1	1	1	1	1	2
23	2	2	2	1	3	3	2	1	2	3	1	3	3
24	3	2	3	3	3	2	3	1	3	2	1	2	1
25	1	3	3	1	3	1	1	3	3	3	3	2	3

（续上表）

试验号	列号												
	1	2	3	4	5	6	7	8	9	10	11	12	13
26	2	3	1	3	3	3	2	3	1	2	3	1	1
27	3	3	2	2	3	2	3	3	2	1	3	3	2

七、$L_{18}(6^1 \times 3^6)$

试验号	列号						
	1	2	3	4	5	6	7
1	1	1	3	2	2	1	2
2	1	2	1	1	1	2	1
3	1	3	2	3	3	3	3
4	2	1	2	1	2	3	1
5	2	2	3	3	1	1	3
6	2	3	1	2	3	2	2
7	3	1	1	3	1	3	2
8	3	2	2	2	3	1	1
9	3	3	3	1	2	2	3
10	4	1	1	1	3	1	3
11	4	2	2	3	2	2	2
12	4	3	3	2	1	3	1
13	5	1	3	3	3	2	1
14	5	2	1	2	2	3	3
15	5	3	2	1	1	1	2
16	6	1	2	2	1	2	3
17	6	2	3	1	3	3	2
18	6	3	1	3	2	1	1

八、$L_{18}(2^1 \times 3^7)$

试验号	列号							
	1	2	3	4	5	6	7	8
1	1	1	1	3	2	2	1	2
2	1	2	1	1	1	1	2	1
3	1	3	1	2	3	3	3	3
4	1	1	2	2	1	2	3	1
5	1	2	2	3	3	1	1	3
6	1	3	2	1	2	3	2	2
7	1	1	3	1	3	1	3	2
8	1	2	3	2	2	3	1	1
9	1	3	3	3	1	2	2	3
10	2	1	1	1	1	3	1	3
11	2	2	1	2	3	2	2	2
12	2	3	1	3	2	1	3	1
13	2	1	2	3	3	3	2	1
14	2	2	2	1	2	2	3	3
15	2	3	2	2	1	1	1	2
16	2	1	3	2	2	1	2	3
17	2	2	3	3	1	3	3	2
18	2	3	3	1	3	2	1	1

九、$L_8(4^1 \times 2^4)$

试验号	列号				
	1	2	3	4	5
1	1	1	2	2	1
2	3	2	2	1	1

（续上表）

试验号	列号				
	1	2	3	4	5
3	2	2	2	2	2
4	4	1	2	1	2
5	1	2	1	1	2
6	3	1	1	2	2
7	2	1	1	1	1
8	4	2	1	2	1

十、$L_{16}(4^5)$

试验号	列号				
	1	2	3	4	5
1	1	2	3	2	3
2	3	4	1	2	2
3	2	4	3	3	4
4	4	2	1	3	1
5	1	3	1	4	4
6	3	1	3	4	1
7	2	1	1	1	3
8	4	3	3	1	2
9	1	1	4	3	2
10	3	3	2	3	3
11	2	3	4	2	1
12	4	1	2	2	4
13	1	4	2	1	1
14	3	2	4	1	4
15	2	2	2	4	2
16	4	4	4	4	3

十一、$L_{16}(4^4 \times 2^3)$

试验号	列号						
	1	2	3	4	5	6	7
1	1	2	3	2	2	1	2
2	3	4	1	2	1	2	2
3	2	4	3	3	2	2	1
4	4	2	1	3	1	1	1
5	1	3	1	4	2	2	1
6	3	1	3	4	1	1	1
7	2	1	1	1	2	1	2
8	4	3	3	1	1	2	2
9	1	1	4	3	1	2	2
10	3	3	2	3	2	1	2
11	2	3	4	2	1	1	1
12	4	1	2	2	2	2	1
13	1	4	2	1	1	1	1
14	3	2	4	1	2	2	1
15	2	2	2	4	1	2	2
16	4	4	4	4	2	1	2

十二、$L_{16}(4^3 \times 2^6)$

试验号	列号								
	1	2	3	4	5	6	7	8	9
1	1	2	3	1	2	2	1	1	2
2	3	4	1	1	1	2	2	1	2
3	2	4	3	2	2	1	2	1	1
4	4	2	1	2	1	1	1	1	1

（续上表）

试验号	列号								
	1	2	3	4	5	6	7	8	9
5	1	3	1	2	2	2	2	2	1
6	3	1	3	2	1	2	1	2	1
7	2	1	1	1	2	1	1	2	2
8	4	3	3	1	1	1	2	2	2
9	1	1	4	2	1	1	2	1	2
10	3	3	2	2	2	1	1	1	2
11	2	3	4	1	1	2	1	1	1
12	4	1	2	1	2	2	2	1	1
13	1	4	2	1	1	1	1	2	1
14	3	2	4	1	1	2	2	2	1
15	2	2	2	2	1	2	2	2	2
16	4	4	4	2	2	2	1	2	2

十三、$L_{16}(4^2 \times 2^6)$

试验号	列号										
	1	2	3	4	5	6	7	8	9	10	11
1	1	2	2	1	1	2	2	1	1	1	2
2	3	4	1	1	1	1	2	2	1	2	2
3	2	4	2	2	1	2	1	2	1	1	1
4	4	2	1	2	1	1	1	1	1	2	1
5	1	3	1	2	1	2	2	2	2	2	1
6	3	1	2	2	1	1	2	1	2	1	1
7	2	1	1	1	1	2	1	1	2	2	2
8	4	3	2	1	1	1	1	2	2	1	2
9	1	1	2	2	2	1	1	2	1	2	2
10	3	3	1	2	2	2	1	1	1	1	2

（续上表）

试验号	列号										
	1	2	3	4	5	6	7	8	9	10	11
11	2	3	2	1	2	1	2	1	1	2	1
12	4	1	1	1	2	2	2	2	1	1	1
13	1	4	1	1	2	1	1	1	2	1	1
14	3	2	2	1	2	2	1	2	2	2	1
15	2	2	1	2	2	1	2	2	2	1	2
16	4	4	2	2	2	2	2	1	2	2	2

十四、$L_{16}(4^1 \times 2^{12})$

试验号	列号												
	1	2	3	4	5	6	7	8	9	10	11	12	13
1	1	1	2	2	1	2	1	2	2	1	1	1	2
2	3	2	2	1	1	1	1	1	2	2	1	2	2
3	2	2	2	2	2	1	1	2	1	2	1	1	1
4	4	1	2	1	2	2	1	1	1	1	1	2	1
5	1	2	1	1	2	2	1	2	2	2	2	2	1
6	3	1	1	2	2	1	1	1	2	1	2	1	1
7	2	1	1	1	1	1	1	2	1	1	2	2	2
8	4	2	1	2	1	2	1	1	1	2	2	1	2
9	1	1	2	2	1	2	1	1	2	1	2	2	2
10	3	2	1	1	2	2	2	2	1	1	1	1	2
11	2	2	1	2	1	2	2	1	2	1	1	2	1
12	4	1	1	1	1	1	2	2	2	2	1	1	1
13	1	2	2	1	1	1	2	1	1	1	2	1	1
14	3	1	2	2	1	2	2	2	1	2	2	2	1
15	2	1	2	1	2	2	2	1	2	2	1	1	2
16	4	2	2	2	2	1	2	2	2	1	2	2	2

十五、$L_{25}(5^6)$

试验号	列号					
	1	2	3	4	5	6
1	1	1	2	4	3	2
2	2	1	5	5	5	4
3	3	1	4	1	4	1
4	4	1	1	3	1	3
5	5	1	3	2	2	5
6	1	2	3	3	4	4
7	2	2	2	2	1	1
8	3	2	5	4	2	3
9	4	2	4	5	3	5
10	5	2	1	1	5	2
11	1	3	1	5	2	1
12	2	3	3	1	3	3
13	3	3	2	3	5	5
14	4	3	5	2	4	2
15	5	3	4	4	1	4
16	1	4	4	2	5	3
17	2	4	1	4	4	5
18	3	4	3	5	1	2
19	4	4	2	1	2	4
20	5	4	5	3	3	1
21	1	5	5	1	1	5
22	2	5	4	3	2	2
23	3	5	1	2	3	4
24	4	5	3	4	5	1
25	5	5	2	5	4	3

十六、$L_{12}(3^1 \times 2^4)$

试验号	列号				
	1	2	3	4	5
1	2	1	1	1	2
2	2	2	1	2	1
3	2	1	2	2	2
4	2	2	2	1	1
5	1	1	1	2	2
6	1	2	1	2	1
7	1	1	2	1	1
8	1	2	2	1	2
9	3	1	1	1	1
10	3	2	1	1	2
11	3	1	2	2	1
12	3	2	2	2	2

十七、$L_{12}(6^1 \times 2^2)$

试验号	列号		
	1	2	3
1	1	1	1
2	2	1	2
3	1	2	2
4	2	2	1
5	3	1	2
6	4	1	1
7	3	2	1
8	4	2	2

（续上表）

试验号	列号		
	1	2	3
9	5	1	1
10	6	1	2
11	5	2	2
12	6	2	1

十八、$L_{24}(3^1 \times 2^{16})$

试验号	列号																
	1	2	3	4	5	6	7	8	9	10	11	12	13	14	15	16	17
1	2	1	1	1	2	2	1	2	1	2	2	1	2	1	1	1	2
2	2	2	1	2	1	2	1	1	2	2	2	2	2	2	1	2	1
3	2	1	2	2	2	2	2	1	2	2	1	1	2	1	2	2	2
4	2	2	2	1	1	2	2	2	2	1	2	1	2	2	2	1	1
5	1	1	1	2	2	1	2	2	2	1	2	2	2	1	1	2	2
6	1	2	1	2	1	1	2	2	1	2	1	1	2	2	1	2	1
7	1	1	2	1	1	1	1	2	2	2	1	2	2	2	1	1	1
8	1	2	2	1	2	1	2	1	1	2	2	2	2	2	2	1	2
9	3	1	1	1	1	2	2	1	2	1	1	1	2	1	1	1	1
10	3	2	1	1	2	1	1	1	2	1	1	1	2	1	1	2	2
11	3	1	2	2	1	1	1	1	1	2	1	2	1	2	2	2	1
12	3	2	2	2	2	2	1	2	1	1	1	2	2	2	2	2	2
13	2	2	2	2	1	1	2	1	2	1	1	2	1	1	1	1	2
14	2	1	2	1	2	1	2	2	1	1	1	1	1	2	1	2	1
15	2	2	1	1	1	1	1	2	1	1	2	2	1	1	2	2	2
16	2	1	1	2	2	1	1	1	1	2	1	2	1	2	2	1	1
17	1	2	2	1	1	2	1	1	1	2	1	1	1	1	2	2	2
18	1	1	2	1	2	2	1	1	2	1	2	2	1	2	1	2	1

（续上表）

试验号	列号																
	1	2	3	4	5	6	7	8	9	10	11	12	13	14	15	16	17
19	1	2	1	2	2	2	2	1	1	1	2	1	1	1	2	1	1
20	1	1	1	2	1	2	1	2	2	1	1	1	1	2	2	1	2
21	3	2	2	2	2	1	1	2	2	2	2	1	1	1	1	1	1
22	3	1	2	2	1	2	2	2	1	2	2	2	1	2	1	1	2
23	3	2	1	1	2	2	2	2	2	2	1	2	1	1	2	2	1
24	3	1	1	1	1	1	2	1	2	2	2	1	1	2	2	2	2

十九、关于 $L_{24}(3^1 \times 4^1 \times 2^{13})$，$L_{24}(6^1 \times 2^{14})$，$L_{24}(6^1 \times 4^1 \times 2^{11})$

在上表 $L_{24}(3^1 \times 2^{16})$ 中，把第 13 列和第 14 列的水平配合 11，12，21，22 顺次换成 1，2，3，4，再取消第 2 列，可得 $L_{24}(3^1 \times 4^1 \times 2^{13})$。

在上面 $L_{24}(3^1 \times 2^{16})$ 或 $L_{24}(3^1 \times 4^1 \times 2^{13})$ 中，把第 1 列和第 15 列的水平配合 11，12，21，22，31，32 顺次换成 1，2，3，4，5，6，再取消第 16 列，可得 $L_{24}(6^1 \times 2^{14})$ 或 $L_{24}(6^1 \times 4^1 \times 2^{11})$。

二十、$L_{20}(5^1 \times 2^8)$

试验号	列号								
	1	2	3	4	5	6	7	8	9
1	4	2	1	2	2	1	2	1	2
2	4	1	1	1	1	2	1	2	2
3	4	2	2	2	2	2	1	2	1
4	4	1	2	1	1	1	2	1	1
5	2	1	1	2	2	2	1	1	2
6	2	2	1	1	1	1	1	1	1
7	2	1	2	1	2	1	2	2	2
8	2	2	2	2	1	2	2	2	1
9	5	1	1	1	2	2	1	2	1

（续上表）

试验号	列号								
	1	2	3	4	5	6	7	8	9
10	5	2	1	1	1	1	2	2	2
11	5	2	2	2	2	1	1	1	2
12	5	1	2	2	1	2	2	1	1
13	3	1	1	2	2	1	2	2	1
14	3	2	1	1	2	2	2	1	1
15	3	1	2	2	1	1	1	2	2
16	3	2	2	1	1	2	1	1	2
17	1	1	1	2	1	1	1	1	1
18	1	2	1	2	1	2	2	2	2
19	1	2	2	1	2	1	1	2	1
20	1	1	2	1	2	2	2	1	2

二十一、$L_{16}(8^1 \times 2^8)$

试验号	列号								
	1	2	3	4	5	6	7	8	9
1	1	2	1	2	1	2	2	1	1
2	2	2	1	1	1	1	2	2	2
3	3	2	2	1	1	2	1	2	1
4	4	2	2	2	1	1	1	1	2
5	5	1	2	2	1	2	2	2	2
6	6	1	2	1	1	1	2	1	1
7	7	1	1	1	1	2	1	1	2
8	8	1	1	2	1	1	1	2	1
9	1	1	2	1	2	1	1	2	2
10	2	1	2	2	2	2	1	1	1
11	3	1	1	2	2	1	2	1	2

（续上表）

试验号	列号								
	1	2	3	4	5	6	7	8	9
12	4	1	1	1	2	2	2	2	1
13	5	2	1	1	2	1	1	1	1
14	6	2	1	2	2	2	1	2	2
15	7	2	2	2	2	1	2	2	1
16	8	2	2	1	2	2	2	1	2

附录2　相关系数临界值表

$n-m-1$	a	自变量的个数 m				$n-m-1$	a	自变量的个数 m			
		1	2	3	4			1	2	3	4
1	0.05	0.997	0.999	0.999	0.999	11	0.05	0.553	0.648	0.703	0.741
	0.01	1.000	1.000	1.000	1.000		0.01	0.684	0.753	0.793	0.821
2	0.05	0.950	0.975	0.983	0.987	12	0.05	0.532	0.627	0.683	0.722
	0.01	0.990	0.995	0.997	0.998		0.01	0.661	0.732	0.773	0.802
3	0.05	0.878	0.930	0.950	0.961	13	0.05	0.514	0.608	0.664	0.703
	0.01	0.959	0.976	0.983	0.987		0.01	0.641	0.712	0.755	0.785
4	0.05	0.811	0.881	0.912	0.930	14	0.05	0.497	0.590	0.646	0.686
	0.01	0.917	0.949	0.962	0.970		0.01	0.623	0.694	0.737	0.768
5	0.05	0.754	0.863	0.874	0.898	15	0.05	0.482	0.574	0.630	0.670
	0.01	0.874	0.917	0.937	0.949		0.01	0.606	0.677	0.721	0.752
6	0.05	0.707	0.795	0.839	0.867	16	0.05	0.468	0.559	0.615	0.655
	0.01	0.834	0.886	0.911	0.927		0.01	0.590	0.662	0.706	0.738
7	0.05	0.666	0.758	0.807	0.838	17	0.05	0.546	0.545	0.601	0.641
	0.01	0.798	0.855	0.885	0.904		0.01	0.575	0.647	0.691	0.724
8	0.05	0.632	0.726	0.777	0.811	18	0.05	0.444	0.532	0.587	0.628
	0.01	0.765	0.827	0.860	0.882		0.01	0.561	0.633	0.678	0.710
9	0.05	0.602	0.697	0.750	0.786	19	0.05	0.433	0.520	0.575	0.615
	0.01	0.735	0.800	0.836	0.861		0.01	0.549	0.620	0.665	0.698
10	0.05	0.567	0.671	0.726	0.763	20	0.05	0.423	0.509	0.563	0.604
	0.01	0.708	0.776	0.814	0.840		0.01	0.537	0.608	0.652	0.685

（续上表）

$n-m-1$	a	自变量的个数 m				$n-m-1$	a	自变量的个数 m			
		1	2	3	4			1	2	3	4
21	0.05	0.413	0.498	0.522	0.592	50	0.05	0.273	0.336	0.379	0.412
	0.01	0.526	0.596	0.641	0.674		0.01	0.354	0.410	0.449	0.479
22	0.05	0.404	0.488	0.542	0.582	60	0.05	0.250	0.308	0.348	0.380
	0.01	0.515	0.585	0.630	0.663		0.01	0.325	0.377	0.414	0.442
23	0.05	0.396	0.479	0.532	0.572	70	0.05	0.232	0.286	0.324	0.354
	0.01	0.505	0.574	0.619	0.652		0.01	0.302	0.351	0.386	0.413
24	0.05	0.388	0.470	0.523	0.562	80	0.05	0.217	0.269	0.304	0.332
	0.01	0.496	0.565	0.609	0.642		0.01	0.283	0.330	0.362	0.389
25	0.05	0.381	0.462	0.514	0.553	90	0.05	0.205	0.254	0.288	0.315
	0.01	0.487	0.555	0.600	0.633		0.01	0.267	0.312	0.343	0.368
26	0.05	0.374	0.454	0.506	0.545	100	0.05	0.195	0.241	0.274	0.300
	0.01	0.478	0.546	0.590	0.624		0.01	0.254	0.297	0.327	0.351
27	0.05	0.367	0.446	0.498	0.536	125	0.05	0.174	0.216	0.246	0.269
	0.01	0.470	0.538	0.582	0.615		0.01	0.228	0.266	0.294	0.316
28	0.05	0.361	0.439	0.490	0.529	150	0.05	0.159	0.198	0.225	0.247
	0.01	0.463	0.530	0.573	0.606		0.01	0.208	0.244	0.270	0.290
29	0.05	0.355	0.432	0.482	0.521	200	0.05	0.138	0.172	0.196	0.215
	0.01	0.456	0.522	0.565	0.598		0.01	0.181	0.212	0.234	0.253
30	0.05	0.349	0.426	0.476	0.514	300	0.05	0.113	0.141	0.160	0.176
	0.01	0.449	0.514	0.558	0.591		0.01	0.148	0.174	0.192	0.208
35	0.05	0.325	0.397	0.445	0.482	400	0.05	0.098	0.122	0.139	0.153
	0.01	0.418	0.481	0.523	0.556		0.01	0.128	0.151	0.167	0.180
40	0.05	0.304	0.373	0.419	0.455	500	0.05	0.088	0.109	0.124	0.137
	0.01	0.393	0.454	0.494	0.526		0.01	0.115	0.135	0.150	0.162
45	0.05	0.288	0.353	0.397	0.432	1 000	0.05	0.062	0.077	0.088	0.097
	0.01	0.372	0.430	0.470	0.501		0.01	0.081	0.096	0.106	0.115

参考文献

［1］屠秉恒. 农业机械试验设计与直观分析选优法. 北京：农业出版社，1982.

［2］盖钧镒. 试验统计方法. 北京：中国农业出版社，2000.

［3］茆诗松. 回归分析及其试验设计. 上海：华东师范大学出版社，1981.

［4］徐中儒. 回归分析与试验设计. 北京：中国农业出版社，1998.

［5］Rice J A. 数理统计与数据分析. 2 版. 北京：机械工业出版社，2003.

［6］DOUGLAS C M. Design and analysis of experiments，New York：Wiley，1976.

［7］GEORGE E P B. Statistics for experimenters：an introduction to design data analysis，and model building. New York：John Wiley & Sons，1978.

［8］CHATTERJEE S，HADI A S. Regression analysis by example. New York：John Wiley & Sons，1977.

［9］DOUGLAS C M. 实验设计与分析. 6 版. 北京：人民邮电出版社，2009.

［10］邬惠乐，邱毓强. 汽车拖拉机试验学. 北京：机械工业出版社，1981.